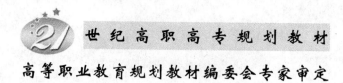
世纪高职高专规划教材

高等职业教育规划教材编委会专家审定

数字电子技术实验指导与仿真

主　编　王贺珍　吴蓬勃

副主编　卜新华　郭根芳　田　洪

北京邮电大学出版社
www.buptpress.com

内 容 简 介

本书是《数字电子技术》的配套教材。全书共分 4 章：第 1 章为数字实验基础知识，介绍了实验基本过程、操作规范、故障检查方法，以及数字集成电路概述、特点、使用与测试方法等；第 2 章为 Multisim 2001 仿真操作内容，介绍了用仿真软件对数字电路实验进行仿真测试和电路设计；第 3 章为基础性实验、综合性实验的设计和仿真；第 4 章为综合设计性实训，包括智力竞赛抢答器、电子秒表、拔河游戏机等五个综合设计性实训内容。

本书可作为高职高专院校电子、机电、计算机、通信等专业的教材，也可作为其他专业学习数字电子技术的参考书。

图书在版编目(CIP)数据

数字电子技术实验指导与仿真/王贺珍,吴蓬勃主编. --北京:北京邮电大学出版社,2012.9
ISBN 978-7-5635-3138-7

Ⅰ. ①数… Ⅱ. ①王…②吴… Ⅲ. ①数字电路—电子技术—实验—高等职业教育—教材②数字电路—电子技术—计算机仿真—高等职业教育—教材 Ⅳ. ①TN79

中国版本图书馆 CIP 数据核字(2012)第 156479 号

书　　名：数字电子技术实验指导与仿真
主　　编：王贺珍　吴蓬勃
责任编辑：王晓丹
出版发行：北京邮电大学出版社
社　　址：北京市海淀区西土城路 10 号(邮编:100876)
发 行 部：电话：010-62282185　传真：010-62283578
E-mail：publish@bupt.edu.cn
经　　销：各地新华书店
印　　刷：北京源海印刷有限责任公司
开　　本：787 mm×1 092 mm　1/16
印　　张：8.5
字　　数：210 千字
印　　数：1—3 000 册
版　　次：2012 年 9 月第 1 版　2012 年 9 月第 1 次印刷

ISBN 978-7-5635-3138-7　　　　　　　　　　　　　　　　定　价：19.80 元

前　言

根据《数字电子技术》各章节的内容,结合作者多年的实验教学经验,编写了本教材,并按照当前教学改革的要求编写。

"数字电子技术实验指导与仿真"是高职高专工科院校实践教学环节中的一门重要课程。这门课程将数字电子技术基础理论与实际操作有机地联系起来,加深学生对所学理论课程的理解,逐步培养和提高学生的实验能力、实际操作能力、独立分析问题和解决问题的能力。

本书由数字实验的基础知识、基础实验、设计性实训、Multisim 2001 及数字电路实验仿真和附录组成。本书分四个部分,第一部分及后面附录部分,编集了实验的基本过程、实验操作规范、故障检查方法、有关的实验器件和设备的使用方法以及常用数字集成电路引脚图,对如何正确进行实验操作和如何使用实验设备及元器件提供参考和帮助。第二部分为数字电路实验仿真软件的介绍,主要介绍用 Multisim 2001 软件对数字电路实验进行仿真设计。第三部分数字电路基本实验是本书的重点,实验内容基本覆盖整个课程的教学内容,并且遵从循序渐进的原则,使学生掌握典型数字电路的分析与设计、安装与测试的方法,培养学生的基本技能和动手实践能力。第四部分是综合设计性的实训内容,以突出应用性,体现一定的趣味性,培养学生的综合能力和创新能力。

本书由石家庄邮电职业技术学院王贺珍、吴蓬勃主编,卜新华、郭根芳、田洪老师参编。第 1 章和第 4 章实训一、实训二由王贺珍编写,第 2 章由田洪编写,第 3 章实验一、实验二由田洪编写,实验三~实验十二由郭根芳编写,仿真实验由吴蓬勃编写,第 4 章实训三~实训五由卜新华编写。全书由石家庄邮电职业技术学院王贺珍、吴蓬勃审稿。

在本教材的编写过程中得到了石家庄邮电职业技术学院的孙青华主任、杨延广副主任的大力支持,在此表示衷心的感谢。

由于时间仓促和编者水平有限,书中难免有不妥和错误之处,真诚地希望各位教师和读者给予批评指正。

编　者
2012 年 4 月

目　　录

第1章　数字电子技术实验基本常识

 【内容简介】

本章主要介绍数字电子技术实验基本常识,数字电子技术实验的一般要求,其中包括实验操作规程、集成电路检测常识、集成电路检测方法和集成电路的拆卸方法;常用数字集成芯片的识别与主要性能参数及常用实验测量仪器和工具的使用;数字电路常见故障的诊断与排除。

 【重点难点】

重点掌握数字电子技术实验的基本常识、实验操作规程,难点为数字电路常见故障诊断与排除。

1.1　数字电子技术实验的一般要求

实验教学是教学中的重要环节,为了作好实验,达到实验的预期目的,并保证实验中人身与实验设备安全,应先掌握数字电子集成技术基础知识,掌握实验的基本常识,了解实验的基本要求,以达到对实验教学的足够重视。

1.1.1　实验的基本过程

1. 实验预习

实验前必须认真预习实验指导书,明确实验目的、原理、方法及操作步骤,掌握有关器件的使用方法,对如何作实验做到心中有数,并写出预习报告。

预习报告的内容:

(1) 写出实验目的;

(2) 列出实验元件清单;

(3) 绘制实验电路图,可在图上标出器件型号、使用的引脚号、元件数值以及各测试仪器的连接位置,必要时可用文字加以说明注解;

(4) 初步写出实验内容和步骤;

(5) 根据原理,拟定实验数据表格,填写出理论值,以便实验过程中和实验数据对比;

(6) 写出实验当中注意事项。

2. 实验测试

实验测试过程中,记录所有的实验数据和波形,和预习报告中的理论相比较,若有不一致的,要及时重新测试,找出原因。

3. 实验数据分析

实验结束,及时分析数据,验证实验结果,分析误差。实验数据分析是培养学生总结能力和分析能力的有效手段,通过实验数据分析可加深对基本理论的认识和理解。

4. 实验报告

实验完毕,按照实验指导书及时完成实验报告。

1.1.2　实验操作规程

1. 实验中严格执行操作规程

(1) 使用仪器设备前,应了解熟悉其性能、操作方法和使用注意事项,按要求正确使用。

(2) 搭接电路时,应遵循正确的布线原则和操作步骤,即按照先接线后通电,做完后,先断电再拆线的步骤。

(3) 掌握科学的调试方法,有效地分析并检查故障,以确保电路工作稳定、可靠。

(4) 仔细观察实验现象,完整、准确地记录实验数据并与理论值进行比较分析。

(5) 实验完毕,经指导教师同意后,可关断电源、拆除连线、整理放好器件,并将实验台清理干净、摆放整齐。

2. 正确布线

在数字电路实验中,连接线数量比较大,所以错误布线引起的故障占很大比例,严重时甚至损坏仪器。因此实验中布线的正确与否对实验结果影响很大,注意布线的合理性和科学性是十分必要的。应遵循的布线原则是:便于检查、排除故障和更换器件。正确的布线应注意以下几点。

(1) 在实验箱上插接集成电路芯片时,先校准两排引脚,使之与集成电路插座上的插孔对应,同时注意集成电路芯片方向,一般 IC 的方向是缺口(或标记)朝左,引脚序号从左下方的第一个引脚开始,按逆时针方向依次递增至左上方的第一个引脚。在确定引脚与插孔完全吻合后,先轻轻用力将芯片插上,再稍用力将其插紧,以免集成电路的引脚弯曲、折断或者接触不良。

(2) 导线选用长短要合适,能用短线的地方尽量不要用长线,能少用导线的不多用。采用不同颜色线以区别不同用途,如电源线一般用红色,地线用黑色或其他颜色,相同功能同种色,输入、输出不同色等原则。

(3) 布线应有秩序地进行,随意乱接容易造成漏接、错接。一般先确定电源线,如电源正极线、电源地线、门电路闲置输入端、触发器异步置位复位端等,再按信号源的顺序从输入到输出依次布线。

(4) 连接线避免从集成电路芯片上方跨接,避免有过多的重叠交错,这样有利于更换元器件以及故障检查和排除。

(5) 当实验电路的规模较大、使用集成元器件较多时,应注意集成元器件的合理布局,以便得到最佳布线。若电路中有两只以上相同型号的集成元器件时,应在电路图上对其进行编号,以防接错。

（6）对大型综合实验、实训项目来说，元器件数量很多，可先将总电路按其功能划分为若干相对独立的单元电路，逐个布线、调试（分调），然后将各部分连接起来（统调）。

1.1.3　数字实验常用故障检查方法

实验过程中，如果电路不能达到预定的逻辑功能，电路就是发生了故障。下面介绍几种常见的故障检查方法。特别需要注意的是，实验经验对于故障检查是很有帮助的，充分预习，掌握基本理论和实验原理，也就不难用逻辑思维的方法较好地判断和排除故障了。

（1）直观查线法。由于在实验中大部分故障都是由于布线错误引起的，因此，在故障发生时，复查电路连线为排除故障的有效方法之一。应着重注意：有无漏线、错线、集成电路芯片是否插牢，集成电路芯片是否插反等。特别是当使用多个芯片时，应检查每个芯片是否都接上了电源线和地线。

（2）电压测量法。用万用表直接测量各集成芯片的电源引脚端是否加上电源电压，输入信号、时钟脉冲等是否加到实验电路上，观察输出端有无反应。重复测试观察故障现象，然后针对某一故障状态，用万用表测试各输入/输出端的直流电压，从而判断出是否是插座板、集成芯片、引脚连接线等原因造成的故障。

（3）电平测试法。在电路的输入端加上规定的输入信号，用数字逻辑笔按照信号流向逐级检查是否有响应和逻辑功能是否正确，从而确定该级是否有故障，必要时可以切断周围连线，避免相互影响。检查时可按照逻辑原理从前往后查，也可按照逻辑原理从后往前查。

（4）替换法。对于多输入端器件，如有多余端则可调换另一输入端试用。必要时可更换器件，以检查器件功能不正常所引起的故障。

（5）动态跟踪检查法。对于时序电路，可输入时钟信号按信号流向依次检查各级波形，直到找出故障点为止。

检查故障的方法是在仪器工作正常的前提下进行的，在实验过程中应综合运用。所以，在实验连线之前首先检查电平开关、电平显示器及单次脉冲源等常用仪器是否已正常，可少走弯路。

1.2　数字集成电路的常识

集成电路是一种采用特殊工艺，将晶体管、电阻、电容等元件集成在硅基片上面形成具有特定功能的器件，英文名称为 Intergrted Circuit，缩写为 IC，俗称芯片。集成电路能执行一些特定的功能，如放大信号或存储信息，也可以通过软件改变整个电路的功能。

1.2.1　数字集成电路分类

数字集成电路有多种分类方法，以下是几种常用的分类方法。

1. 按结构工艺分

按结构工艺分类，数字集成电路可以分为厚膜集成电路、薄膜集成电路、混合集成电路、半导体集成电路四大类。

目前世界上生产最多、使用最多的为半导体集成电路。半导体数字集成电路(以下简称数字集成电路)主要分为 TTL、CMOS、ECL 三大类。

ECL、TTL 为双极型集成电路,构成的基本元器件为双极型半导体器件,其主要特点是速度快、负载能力强,但功耗较大、集成度较低。双极型集成电路主要有 TTL(Transistor Transistor Logic)电路、ECL(Emitter Coupled Logic)电路和 I²L(Integrated Injection Logic)电路等类型。TTL 电路的性能价格比最佳,故应用最广泛。

ECL,即发射极耦合逻辑电路,也称电流开关型逻辑电路。它是利用运放原理通过晶体管射极耦合实现的门电路。在所有数字电路中,它工作速度最高,其平均延迟时间 t_{pd} 可小至 1 ns。这种门电路输出阻抗低,负载能力强。它的主要缺点是抗干扰能力差、电路功耗大。

MOS 电路为单极型集成电路,又称为 MOS 集成电路,它采用金属-氧化物半导体场效应管(Metal Oxide Semi-conductor Field Effect Transistor,MOSFET)制造,其主要特点是结构简单、制造方便、集成度高、功耗低,但速度较慢。MOS 集成电路又分为 PMOS(P-channel Metal Oxide Semiconductor,P 沟道金属氧化物半导体)、NMOS(N-channel Metal Oxide Semiconductor,N 沟道金属氧化物半导体)和 CMOS(Complement Metal Oxide Semiconductor,复合互补金属氧化物半导体)等类型。

MOS 电路中应用最广泛的为 CMOS 电路。CMOS 数字电路不但适用于通用逻辑电路的设计,而且综合性能也很好,它与 TTL 电路一起成为数字集成电路中两大主流产品。CMOS 数字集成电路主要分为 4000 系列(4500 系列)、54HC/74HC 系列、54HCT/74HCT 系列等,实际上这三大系列之间的引脚功能、排列顺序是相同的,只是某些参数不同而已。例如,74HC4017 与 CD4017 为功能相同、引脚排列相同的电路,前者的工作速度高、工作电源电压低。4000 系列中目前最常用的是 B 系列,它采用了硅栅工艺和双缓冲输出结构。

Bi-CMOS 是双极型 CMOS(Bipolar-CMOS)电路的简称,这种门电路的特点是逻辑部分采用 CMOS 结构,输出级采用双极型三极管,因此兼有 CMOS 电路的低功耗和双极型电路输出阻抗低的优点。

TTL 集成电路的输入端和输出端均为三极管结构,所以称做三极管。三极管逻辑电路(Transistor Transistor Logic)简称 TTL 电路。54 系列的 TTL 电路和 74 系列的 TTL 电路具有完全相同的电路结构和电气性能参数。所不同的是,54 系列比 74 系列的工作温度范围更宽,电源允许的范围也更大。74 系列的工作环境温度规定为 $0\sim700$ ℃,电源电压工作范围为 $5\times(1\pm5\%)$ V。而 54 系列工作环境温度规定为 $-55\sim\pm1\,250$ ℃,电源电压工作范围为 $5\times(1\pm10\%)$ V。

54H 与 74H,54S 与 74S 以及 54LS 与 74LS 系列的区别也仅在于工作环境温度与电源电压工作范围不同,就像 54 系列和 74 系列的区别那样。在不同系列的 TTL 器件中,只要器件型号的后几位数码一样,则它们的逻辑功能、外形尺寸、引脚排列就完全相同。

TTL 集成电路由于工作速度高、输出幅度较大、种类多、不易损坏而使用较广,特别对我们进行实验论证,选用 TTL 电路比较合适。因此,本实训教材大多采用 74LS(或 74)系列 TTL 集成电路,它的电源电压工作范围为 $5×(1±5\%)$ V,逻辑高电平为"1"时≥2.4 V,低电平为"0"时≤0.4 V。

综上所述,TTL74 系列、CMOS 4000 系列(4500 系列)是通用性最强、应用最广泛的数字集成电路。

2. 根据集成电路规模的大小分

根据集成电路规模的大小分类,数字集成电路通常分为小规模集成电路(SSI)、中规模集成电路(MSI)、大规模集成电路(LSI)和超大规模集成电路(VLSI)。

(1) 小规模集成电路(Small Scale Integration,SSI)

小规模集成电路通常指含逻辑门数小于 10 门(或含元件数小于 100 个)的电路。

(2) 中规模集成电路(Medium Scale Integration,MSI)

中规模集成电路通常指含逻辑门数为 10～99 门(或含元件数 100～999 个)的电路。

(3) 大规模集成电路(Large Scale Integration,LSI)

大规模集成电路通常指含逻辑门数为 1 000～9 999 门(或含元件数 1 000～99 999 个)的电路。

(4) 超大规模集成电路(Very Large Scale Integration,VLSI)

超大规模集成电路通常指含逻辑门数大于 10 000 门(或含元件数大于 100 000 个)的电路。

3. 根据电路的功能分

(1) 门电路:与门/与非门、或门/或非门、非门等。

(2) 触发器:锁存器(R-S 触发器、D 触发器、J-K 触发器等)。

(3) 编码器:译码器(二进制-十进制译码器、BCD-7 段译码器等)。

(4) 计数器:二进制、十进制、N 进制计数器等。

(5) 运算电路:加/减运算电路、奇偶校验发生器、幅值比较器等。

(6) 时基:定时电路(单稳态电路 、延时电路等)。

(7) 模拟电子开关:数据选择器。

(8) 寄存器: 基本寄存器、移位寄存器(单向、双向)。

(9) 存储器: RAM、ROM、E2PROM、Flash ROM 等。

对于初学者来说,了解和掌握小规模集成电路的原理与应用即可。

1.2.2　数字集成电路的命名

1. 数字集成电路型号的组成及符号的意义

数字集成电路的型号组成一般由前缀、编号、后缀三大部分组成。前缀代表制造厂商;编号包括产品系列号、器件系列号;后缀一般表示温度等级、封装形式等。TTL74 系列数字集成电路型号的组成及符号的意义如表 1.2.1 所示。

表 1.2.1　TTL74 系列数字集成电路型号的组成及符号的意义

第 1 部分	第 2 部分		第 3 部分		第 4 部分		第 5 部分	
前缀	产品系列		器件类型		器件功能		器件封装形式、温度范围	
代表制造厂商	符号	意义	符号	意义	符号	意义	符号	意义
	54	军用电路 −55～+125 ℃		标准电路	阿拉伯数字	器件功能	W	陶瓷扁平
			H	高速电路			B	塑封扁平
			S	肖特基电路			F	全密封扁平
	74	民用通用电路	LS	低功耗肖特基电路			D	陶瓷双列直插
			ALS	先进低功耗肖特基电路			P	塑封双列直插
			AS	先进肖特基电路			J	低温陶瓷双列直插

2. 4000 系列集成电路的组成及符号的意义

4000 系列 CMOS 器件型号的组成及符号的意义见表 1.2.2。

表 1.2.2　4000 系列 CMOS 器件型号的组成及符号的意义

第 1 部分		第 2 部分		第 3 部分		第 4 部分	
型号前缀的意义		器件系列		器件种类		工作温度范围、封装形式	
代表制造厂商		符号	意义	符号	意义	符号	意义
CD	美国无线电公司产品	40	产品系列号	阿拉伯数字	器件功能	C	0～70 ℃
CC	中国制造	45				E	−40～85 ℃
TC	日本东芝公司产品					R	−55～85 ℃
MC1	摩托罗拉公司产品					M	−55～125 ℃

举例说明如下。

(1) CT74LS00P 为国产的(采用塑料双列直插封装)TTL 四 2 输入与非门。其中,CT 表示制造厂商为国产 TTL 电路;74 表示产品系列为 74 系列;LS 表示器件类型为低功耗肖特基电路系列;00 表示器件种类为四 2 输入与非门;P 表示封装形式为塑料双列直插封装。

(2) SN74S195J 为美国 TEXAS 公司制造的采用低温陶瓷双列直插封装的 4 位并行移位寄存器。其中,SN 表示制造厂商为美国 TEXAS 公司制造;74 表示产品系列为 74 系列;S 表示器件类型为肖特基 74TTL 电路系列;195 表示器件种类为 4 位并行移位寄存器;J 表示封装形式为低温陶瓷双列直插封装。

同一型号的集成电路原理相同,通常又冠以不同的前缀、后缀。由于制造厂商繁多,加之同一型号又分为不同的等级,因此,同一功能、型号的 IC 其名称的书写形式多样,如 CMOS 双 D 触发器 4013 有以下型号:

CD4013AD　CD4013AE　CD4013CJ　CD4013CN　CD4013BD　CD4013BE　CD4013BF CD4013UBD　CD4013UBE　CD4013BCJ　CD4013BCN;

HFC4013　HFC4013BE　HCF4013BF　HCC4013BD/BF/BK　HEF4013BD/BP　HBC4013AD/

AE/AK/AF SCL4013AD/AE/AC/AF MB84013/M MC14013CP/BCP TC4013BP。

一般情况下，这些型号之间可以彼此互换使用。

1.2.3　集成电路引脚的识别

集成电路的引脚较多，如何正确识别集成电路的引脚则是使用中的首要问题。下面介绍几种常用集成电路引脚的排列形成。

圆形结构的集成电路和金属壳封装的半导体三极管差不多，只不过体积大、电极引脚多。这种集成电路引脚排列方式为：将集成电路引脚朝上从识别标记开始，沿顺时针方向依次为1、2、3……如图1.2.1(a)所示。

单列直插型集成电路的识别标记，有的用倒角，有的用凹坑。这类集成电路引脚的排列方式也是从标记开始，从左向右依次为1、2、3……如图1.2.1(b)所示。

扁平型封装的集成电路多为双列型，这种集成电路为了识别管脚，一般在端面一侧有一个类似引脚的小金属片，或者在封装表面上有一色标或凹口作为标记。其引脚排列方式是：从标记开始，沿逆时针方向依次为1、2、3……如图1.2.1(c)所示。但应注意，有少量的扁平封装集成电路的引脚是顺时针排列的。

双列直插式集成电路的识别标记多为半圆形凹口，有的用金属封装标记或凹坑标记。这类集成电路引脚排列方式也是从标记开始，沿逆时针方向依次为1、2、3……如图1.2.1(d)。

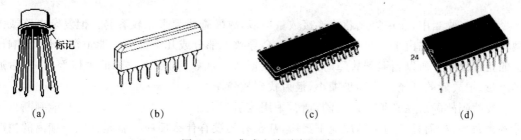

图 1.2.1　集成电路引脚识别图

1.2.4　集成电路的检测常识

1. 检测前要了解集成电路及其相关电路的工作原理

检查和修理集成电路前首先要熟悉所用集成电路的功能、内部电路、主要电气参数、各引脚的作用以及引脚的正常电压、波形与外围元件组成电路的工作原理。如果具备以上条件，那么分析和检查会容易许多。

2. 测试不要造成引脚间短路

电压测量或用示波器探头测试波形时，表笔或探头不要由于滑动而造成集成电路引脚间短路，最好在与引脚直接连通的外围印刷电路上进行测量。任何瞬间的短路都容易损坏集成电路，在测试扁平型封装的 CMOS 集成电路时更要加倍小心。

3. 要注意电烙铁的绝缘性能

不允许带电使用烙铁焊接，要确认烙铁不带电，最好把烙铁的外壳接地，对 MOS 电路更应小心，能采用 6~8 V 的低压电烙铁就更安全。

4．要保证焊接质量

焊接时确实焊牢，焊锡的堆积、气孔容易造成虚焊。焊接时间一般不超过 3 秒，烙铁的功率应用内热式 25 W 左右。已焊接好的集成电路要仔细查看，最好用欧姆表测量各引脚间有否短路，确认无焊锡粘连现象再接通电源。

5．不要轻易断定集成电路的损坏

不要轻易地判断集成电路已损坏。因为集成电路绝大多数为直接耦合，一旦某一电路不正常，可能会导致多处电压变化，而这些变化不一定是集成电路损坏引起的。另外，在有些情况下测得各引脚电压与正常值相符或接近时，也不一定都能说明集成电路就是好的。因为有些软故障不会引起直流电压的变化。测试仪表内阻要大，测量集成电路引脚直流电压时，应选用表头内阻大于 20 kΩ/V 的万用表，否则对某些引脚电压会有较大的测量误差。

6．要注意功率集成电路的散热

功率集成电路应散热良好，不允许不带散热器而处于大功率的状态下工作。

7．引线要合理

如需要加接外围元件代替集成电路内部已损坏部分，应选用小型元器件，且接线要合理，以免造成不必要的寄生耦合，尤其是要处理好音频功放集成电路和前置放大电路之间的接地端。

1.2.5 集成电路的检测方法

基础实验当中，往往集成芯片连接数量不多，故障查找起来比较容易。但复杂电路或大型实训项目中往往由于一块集成电路损坏，会导致一部分或几个部分不能正常工作，影响设备的正常使用。所以当遇到故障时，首先要根据故障现象，判断出故障的大体部位，然后通过测量，把故障的可能部位逐步缩小，最后找到故障所在。

要找到故障所在必须通过检测，通常采用测引脚电压的方法来判断，但这只能判断出故障的大致部位，而且有的引脚反应不灵敏，甚至有的没有什么反应。就是在电压偏离的情况下，也包含外围元件损坏的因素，还必须将集成芯片内部故障与外围故障严格区别开来，因此单靠某一种方法对集成电路是很难检测的，必须依赖综合的检测手段。我们以万用表检测为例，介绍其具体方法。

我们知道，集成芯片使用时，总有一个引脚与印制电路板上的"地"线是焊通的，在电路中称之为接地脚。由于集成电路内部都采用直接耦合，因此，集成芯片的其他引脚与接地脚之间都存在着确定的直流电阻，这种确定的直流电阻称为该脚内部等效直流电阻，简称 R 内。当拿到一块新的集成芯片时，可通过用万用表测量各引脚的内部等效直流电阻来判断其好坏，若各引脚的内部等效电阻 R 内与标准值相符，说明这块集成芯片是好的，反之，若与标准值相差过大，说明集成芯片内部损坏。测量时有一点必须注意，由于集成芯片内部有大量的三极管、二极管等非线性元件，在测量中单测得一个阻值还不能判断其好坏，必须互换表笔再测一次，获得正反向两个阻值。只有当 R 内正反向阻值都符合标准，才能断定该集成芯片完好。

在实际故障检测中，通常采用带电测量。先测量其引脚电压，如果电压异常，可断开引脚连线测接线端电压，以判断电压变化是外围元件引起的，还是集成芯片内部引起的。也可以采用测外部电路到地之间的直流等效电阻(称 R 外)来判断,通常在电路中测得的集成芯片某引脚与接地脚之间的直流电阻(在路电阻),实际是 R 内与 R 外并联的总直流等效电阻。在故障测试中常将带电测试电压与测试电阻的测量方法结合使用。有时测试电压和测试电阻偏离标准值,并不一定是集成芯片损坏,而是有关外围元件损坏,使 R 外不正常,从而造成电压和电阻的异常。这时便只能测量集成块内部直流等效电阻,才能判定集成芯片是否损坏。

根据实际故障检测经验,带电检测集成电路内部直流等效电阻时可不必把集成块从电路上焊下来,只需将电压或电阻异常的脚与电路断开,同时将接地脚也与电路板断开,其他脚维持原状,测量出测试脚与接地脚之间的 R 内正反向电阻值,便可判断其好坏。

总之,在检测时要认真分析,灵活运用各种方法,摸索规律,做到快速、准确找出故障。

1.2.6　集成电路的拆除方法

在电路检修时,经常需要从印刷电路板上拆卸集成电路。集成电路引脚多又密集,拆卸起来很困难,有时还会损害集成电路及电路板。这里总结了几种行之有效的集成电路拆卸方法,供大家参考。

1. 吸锡器吸锡拆卸法

使用吸锡器拆卸集成芯片,这是一种常用的专业方法,使用专用吸锡工具。拆卸集成芯片时,将吸锡器对准集成芯片引脚上,用电烙铁将引脚焊锡熔化,待焊点锡熔化后被吸入吸锡器内,全部引脚的焊锡吸完后集成芯片即可拿掉。

2. 医用空心针头拆卸法

选取医用空心针头几个,选用针头的内径正好套住集成块引脚为宜。拆卸时用电烙铁将引脚焊锡熔化,及时用针头套住引脚,然后拿开电烙铁并旋转针头,等焊锡凝固后拔出针头,这样该引脚就和印制板完全分开。所有引脚如此做一遍后,集成块就可轻易被拿掉。

3. 电烙铁毛刷配合拆卸法

该方法简单易行,只要有一把电烙铁和一把小毛刷即可。拆卸集成块时先把电烙铁加热,待达到熔锡温度将引脚上的焊锡熔化后,趁机用毛刷扫掉熔化的焊锡。这样就可使集成块的引脚与印制板分离。该方法可分脚进行也可分列进行,最后用尖镊子或小"一"字螺丝刀撬下集成块。

4. 增加焊锡熔化拆卸法

该方法只要给待拆卸的集成块引脚上再增加一些焊锡,使每列引脚的焊点连接起来,这样以利于传热,便于拆卸。拆卸时用电烙铁每加热一列引脚就用尖镊子或小"一"字螺丝刀撬一撬,两列引脚轮换加热,直到拆下为止。一般情况下,每列引脚加热两次即可拆下,此方法虽然简单,但需要一定的焊接功底,不然操作不当极易损坏集成芯片。

5. 多股铜线吸锡拆卸法

利用多股铜芯塑胶线,去除塑胶外皮,使用多股铜芯丝(可利用短线头)。使用前先将多股铜芯丝上松香酒精溶液,待电烙铁烧热后将多股铜芯丝放到集成芯片引脚上加热,这样引脚上的锡焊就会被铜丝吸附。吸上焊锡的部分可剪去,重复进行几次就可将引脚上的焊锡全部吸走。有条件也可使用屏蔽线内的编织线。只要把焊锡吸完,用镊子或小"一"字螺丝刀轻轻一撬,集成芯片即可取下。

1.3 常用实验测量仪器和工具的使用

"万用表"是万用电表的简称,又称多用表、三用表、复用表,是电工测量中最基本的工具。万用表是一种多功能、多量程的测量仪表,通常用来测量直流电流、直流电压、交流电压、电阻和音频电平等。较高级的万用表还可以测量三极管的电流放大倍数、频率、电容值、电感量、逻辑电平、分贝值等。

万用表具有价格低廉、操作简单、功能齐全、容易携带等特点,是电子测量中最常用的工具。掌握万用表的使用方法是电子技术的一项基本技能。

1.3.1 指针式万用表

现在最常见的万用表有机械指针式(又叫磁电式)和数字式两种。下面以 MF-500 型(机械指针式)万用表为例介绍其性能和使用方法。

机械指针式万用表的基本原理是用一只灵敏的磁电式直流电流表(微安表)做表头,当微小电流通过表头时,就会有电流指示。因为表头不能通过大电流,所以在表头上并联或串联电阻进行分流或分压,从而测出电路中的电流、电压和电阻。

1. 基本结构

机械指针式万用表由表头(又称表盘)、测量电路及转换开关三个主要部分组成。MF-500 型万用表的面板图如图 1.3.1 所示。各旋钮名称及功能详述如下。

（1）表头

表头是一只高灵敏度的磁电式直流电流表,万用表的主要性能指标基本上取决于表头的性能。表头的灵敏度是指表头指针满刻度偏转时,流过表头的直流电流值,这个值越小,表头的灵敏度越高。测量电压时的内阻越大,其性能就越好。表头上有四条刻度线,它们的功能如下:第一条(从上到下)右端标有"Ω"的是电阻刻度线,其刻度值分布是不均匀的,指示的是电阻值,转换开关在欧姆挡时,即读此条刻度线;第二条标有符号"—"或"DC"表示直流,"～"或"AC"表示交流,"～"表示交流和直流共用的刻度线,当转换开关在交、直流电压或直流电流挡时,量程在除交流 10 V 以外的其他位置时,即读此条刻度线;第三条标有 10 V,指示的是

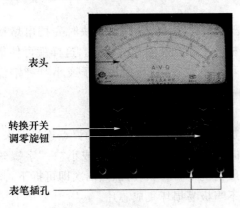

图 1.3.1 MF-500 型万用表的面板图

（图中标注：表头、转换开关、调零旋钮、表笔插孔）

10 V 的交流电压值,当转换开关在交、直流电压挡,量程在交流 10 V 时,即读此条刻度线;第四条标有 dB,指示的是音频电平的刻度线。

表头上还设有机械零位调节旋钮,用以校准指针在左端指零位。

刻度线下方符号的含义为:

① "～"表示交直流；

② "0～2.5 kV,4 000 Ω/V"表示对于交流电压及 2.5 kV 的直流电压挡,其灵敏度为 4 000 Ω/V；

③ "A-V-Ω"表示可以测量电流、电压及电阻；

④ "45-65-1 000 Hz"表示使用频率范围为 1 000 Hz 以下,标准工频范围为 45～65 Hz；

⑤ "2 000 Ω/V　DC"表示直流挡的灵敏度为 2 000 Ω/V。

（2）转换开关

MF-500 型万用表的转换开关是两个多挡位的旋转开关。用来选择测量项目和量程（如图 1.3.1 所示）。项目包括："mA"用于测量直流电流；"V"用于测量直流电压；"V̰"用于测量交流电压；"Ω"用于测量电阻。每个测量项目又划分为几个不同的量程以供选择。万用表的测量范围如下。

直流电压分为 5 挡:0～2.5 V;0～10 V;0～50 V;0～250 V;0～500 V。

交流电压分为 4 挡:0～10 V;0～50 V;0～250 V;0～500 V。

直流电流分为 5 挡:0～50 μA;0～1 mA;0～10 mA;0～100 mA;0～500 mA。

电阻分为 5 挡:$R \times 1$;$R \times 10$;$R \times 100$;$R \times 1$ k;$R \times 10$ k。

（3）表笔和表笔插孔

表笔分为红、黑二只。使用时应将红色表笔插入标有"＋"号的插孔,黑色表笔插入标有"－"号的插孔。

500 型万用表还有两个插孔分别是音频插孔和 2 500 V 插孔。

（4）调零旋钮

调零旋钮有两个,一个是机械调零旋钮,用来保持指针在静止处在左零位;另一个是"Ω"调零旋钮,在测量电阻时使用,使指针对准右零位,以保证测量数值准确。

2. 使用方法

（1）将万用表水平放置,指针应该归于左侧零位,否则进行机械调零。

（2）根据被测量的种类及大小,选择转换开关的挡位及合适的量程,找出对应的刻度线。

（3）选择表笔插孔的位置。

（4）测量电压:测量电压（或电流）时要选择好量程,如果用小量程去测量大电压,则会有损坏仪表的危险;如果用大量程去测量小电压,那么指针偏转太小,无法读数（或读数不准）。量程的选择应该尽量使指针偏转到满刻度的 $\frac{2}{3}$ 左右。如果事先不清楚被测电压的大小时,应该先选择最高量程挡,然后逐渐减小到合适的量程。

① 交流电压的测量:将万用表的一个转换开关置于交、直流电压挡,另一个转换开关置于交流电压的合适量程上,将万用表的两个表笔与被测电路（或负载）并联即可。10 V̰ 及 10 V̰ 以上各量程的指示值见第二条刻度线,10 V̰ 以内的量程见第三条刻度线。

② 直流电压的测量:将万用表的一个转换开关置于交、直流电压挡,另一个转换开关置于直流电压的合适量程上,且"＋"表笔（红表笔）接到高电位处,"－"表笔（黑表笔）接到低电位处,即让电流从"＋"表笔流入,从"－"表笔流出。如果表笔接反,表头指针会反方向偏转,必须将红黑表笔互换,读数见第二条刻度线。测量 2 500 V 高电压时,将表笔分别插在

2 500 V的插孔和"－"插孔。

读数:实际值 $=\dfrac{\text{指示值}}{\text{满偏}}\times\text{量程}$。

(5) 测电流:测量直流电流时,将万用表的一个转换开关置于直流电流挡,另一个转换开关置于 50 μA 到 500 mA 的合适量程上,电流的量程选择和读数方法与电压一样。但是测量电流时必须先断开电路,然后按照电流从"＋"到"－"的方向,将万用表串联到被测电路中,即电流从红表笔流入,从黑表笔流出。如果误将万用表与负载并联,则因表头的内阻较小,会造成短路烧毁仪表。其读数方法与电压的读数方法相同。

(6) 测电阻:用万用表测量电阻时,应该按下列步骤操作。

① 选择合适的倍率挡。万用表欧姆挡的刻度线是不均匀的,所以倍率挡的选择应该使指针停留在刻度线较稀的部分为宜,而且指针越接近刻度线的中间,读数越准确。一般情况下,应使指针指在刻度线的 $\frac{1}{3}\sim\frac{2}{3}$ 之间。

② 欧姆调零。测量电阻之前,应该将两个表笔短接,同时调节"欧姆(电气)调零旋钮",使指针刚好指在欧姆刻度线右边的零位。如果指针不能调到零位,说明电池电压不足或仪表内部有问题。并且每换一次倍率挡,都要再次进行欧姆调零,以保证测量准确。

③ 读数。将两根表笔分别接触被测电阻(或电路)两端,读出指针在欧姆刻度线(第一条线)上的读数,再乘以倍率,就是所测电阻的阻值。例如,用 $R\times100$ 挡测量电阻,指针指在 50,则所测得的电阻值为 $50\times100=5$ kΩ。

(7) 音频电平测量:测量方法与测量交流电压相似,将红、黑表笔分别插在"dB"和"－"两个插孔中,将万用表的一个转换开关置于交、直流电压挡,另一个转换开关置于交流电压的合适量程上,音频电平刻度根据 0 dB＝1 mW,600 Ω 输送标准设计。表盘刻度从 $-10\sim$ +22 dB。

3. 使用万用表的注意事项

万用表属于较精密的测量仪器。为保护仪表并在测量中得到最精确的测量值,在使用时应注意如下事项。

(1) 测量电流、电压时,不能带电改变量程。

(2) 选择量程时,应该本着"先大后小"的原则,即先选择大量程,后选择小量程进行测量,并尽量使被测值接近量程,选用的量程靠近被测值越近,测量的数值就越精确。

(3) 注意测量电流与电压切勿转错挡位。如果误用电阻挡或电流挡去测电压,就极可能烧毁仪表。

(4) 测电阻时,不要带电测量。因为测量电阻时,万用表由内部电池供电,如果带电测量就相当于接入一个额外的电源,有可能损坏表头,测得的数值也不准确。

(5) 如果在被测电路中有电容器,需要先将其放电才能测量。

(6) 在电阻挡将两支表笔短接,调"零欧姆"旋钮至最大,表头指针如果仍然达不到"零"点,通常是因为表内电池电压不足,这时应该及时更换新电池。

(7) 测量电压或电流时,要用表笔试探所要测试的端点。不要将表笔固定在线路中,使仪器受到意外损害。

(8) 万用表使用完毕,应使转换开关在交流电压最大挡位或空挡上;不能将转换开关旋在电阻挡,因为如不小心易使两根表笔相碰短路,不仅会耗费表内电池,严重时甚至会损坏表头。在 MF-500 万用表中,最佳的方法是将两个开关旋钮旋在"·"的位置上,使仪表内部电路成开路状态。

(9) 万用表需要经常保持清洁和干燥,以免影响准确度和损坏仪表。

1.3.2　数字万用表

现在,数字式测量仪表已经成为主流。与指针式仪表相比,数字式仪表灵敏度高,准确度高,显示清晰,过载能力强,便于携带,使用更简单。下面以 VC9802 型数字万用表为例,简单介绍其使用方法和注意事项。

1. 使用方法

(1) 使用前,应该认真阅读有关的使用说明书,熟悉电源开关、量程开关、插孔、特殊插口的作用。

(2) 将电源开关置于 ON 位置。

(3) 交直流电压的测量:根据需要将量程开关拨至 DCV(直流)或 ACV(交流)的合适量程,红表笔插入 V/Ω 孔,黑表笔插入 COM 孔,并将表笔与被测线路并联,被测数值即显示在屏幕上。

(4) 交直流电流的测量:将量程开关拨至 DCA(直流)或 ACA(交流)的合适量程,红表笔插入 mA 孔(<200 mA 时)或 10 A 孔(>200 mA 时),黑表笔插入 COM 孔,并将万用表串联在被测电路中即可。测量直流量时,数字万用表能自动显示极性。

(5) 电阻的测量:将量程开关拨至 Ω 挡的合适量程,红表笔插入 V/Ω 孔,黑表笔插入 COM 孔。如果被测电阻值超出所选择量程的最大值,万用表将显示"1",这时应选择更高的量程。测量电阻时,红表笔为正极,黑表笔为负极,这与指针式万用表正好相反。因此,测量晶体管、电解电容器等有极性的元器件时,必须注意表笔的极性。

2. 使用注意事项

(1) 如果无法预先估计被测电压或电流的大小,则应该先将量程挡拨至最高量程测量一次,再视情况逐渐把量程减小到合适位置。测量完毕,应该将量程开关拨到最高电压挡,并关闭电源。

(2) 满量程时,仪表仅在最高位显示数字"1",其他位均消失,这时应该选择更高的量程。

(3) 测量电压时,应该将数字万用表与被测电路并联。测量电流时应该将万用表串联在被测电路中。

(4) 当误用交流电压挡去测量直流电压,或者误用直流电压挡去测量交流电压时,显示屏将显示"000",或低位上的数字出现跳动。

(5) 禁止在测量高电压(220 V 以上)或大电流(0.5 A 以上)时换量程,以防止产生电弧,烧毁开关触点。

(6) 当屏幕上没有显示或显示"BATT"、"LOW BAT"时,表示电池电压低于工作电压,应该及时更换电池。

1.3.3　数字电路实验箱

TPE-D5 数字电路实验箱由直流稳压电源、信号源、频率计、显示电路、圆孔式 IC 插座区、元件库、逻辑笔、ispLSI 在系统可编程器件实验板组成,可完成数字电路课程的全部实验内容,适用于开设数字电路课程的各类学校。其技术指标如下。

1. 直流稳压电源

输入:AC220×(1±10%)V。

输出:DC+5 V/1 A(带短路报警);−5 V/0.5 A;±15 V/0.2 A。除+5 V 外,其他三路电源配有各自独立的保险,四路电源都具有过载和短路保护功能。

2. 信号源

单脉冲:为消抖动脉冲。

连续脉冲:两组。

固定频率脉冲源:8 路 TTL 方波脉冲输出,输出频率分别为 100 kHz、40 kHz、20 kHz、10 kHz、1 kHz、4 Hz、2 Hz、1 Hz。

频率可调脉冲源:1 Hz~1 MHz 连续可调方波,输出均为 TTL 电平。

16 组逻辑电平开关:可输出"0"、"1"电平。

3. 频率计

测量范围:1 Hz~1 MHz;显示位数:6 位;被测信号:TTL 电平。

分辨率:1 Hz。

4. 显示电路

电平显示 16 位;七段 LED 显示:共配有八位 LED 数码管(均为共阳),其中六位数码管带十六进制译码器,另两位为非译码显示(带小数点段)。

5. 逻辑笔

四状态显示:高电平、低电平、高阻态、脉冲。

6. 元件库

电位器组:6 只,其中碳膜线性电位器 4 只,精密线性电位器 2 只;二极管、三极管、继电器等。

7. 高性能双列直插圆孔式集成电路插座

共 24 只,其中,8 脚 3 只,14 脚 8 只,16 脚 8 只,18 脚 1 只,20 脚 1 只,24 脚 1 只,28 脚 1 只,40 脚 1 只(同 28 脚一起置于外配小板上)。部分插座(8 脚 3 只,14 脚 1 只,16 脚 1 只,18 脚 1 只,20 脚 1 只)的各个管脚配有紫铜针管插座,供实验时接插电位器、电阻、电容等分立元器件。

第 2 章 Multisim 2001 简介

 【内容简介】

Multisim 2001 是一种电子电路计算机仿真设计软件,它被称为电子设计工作平台或虚拟电子实验室。该软件是 Electronics Workbench 公司推出的以 Windows 为基础的电路仿真工具,适用于电路分析基础,模拟电路、数字电路的设计及仿真。该软件用户界面友好,可以使电路设计者方便、快捷地使用虚拟元件和仪器、仪表进行电路设计和仿真。

 【重点难点】

重点掌握 Multisim 2001 数字电路实验的设计与仿真。

2.1 Multisim 2001 基本界面

启动 Multisim 2001 软件,进入 Multisim 电路设计平台,其基本界面如图 2.1.1 所示。Multisim 2001 的界面基本上模拟了一个电子实验工作平台的环境,主要包括如下内容。

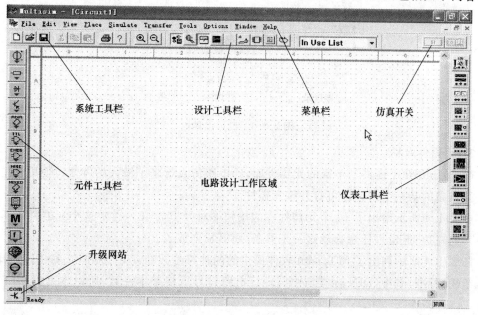

图 2.1.1 Multisim 2001 基本界面

(1) 电路设计工作区域:用来绘制电路图及添加各种测量仪器。

(2) 元器件工具:装有各种电子元器件,可供选择、添加。

(3) 虚拟仪器工具:装有各种虚拟电子测量仪器,可供选择、添加。

2.1.1 主要工具栏

1. 系统工具栏

图 2.1.2 所示为 Multisim 2001 的系统工具栏,其中各个按钮的名称及其功能与 Windows 基本相同。

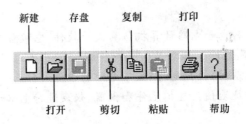

图 2.1.2 系统工具栏

2. 设计工具栏

Multisim 2001 的设计工具栏如图 2.1.3 所示,它是 Multisim 的核心工具。使用它可以进行电路的建立、仿真分析,并最终输出设计数据等。虽然利用菜单也可以执行这些设计功能,但利用设计工具条会更加方便快捷。设计工具条中各个按钮的名称及功能如图 2.1.3 所示。

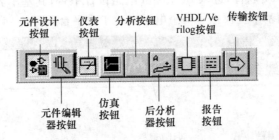

图 2.1.3 设计工具栏

3. 元器件库栏

Multisim 2001 提供了丰富的元器件库,给电路仿真带来了极大的方便。使用时单击元器件工具条的某一个图标即可打开该元器件库。

图 2.1.4 所示给出了 14 个元器件库的按钮图标及其含义。通常这个元器件工具条放在窗口的左边,但也可任意移动这一工具条,将其横向放置。

图 2.1.4 所示列出了 Multisim 软件提供的两种符号标准:DIN 标准和 ANSI(美国国家标准组织)标准,其中,DIN 标准与中国现行电路符号风格基本一致,所以本书以 DIN 标准为主。

执行菜单命令:Options/Preferences/Component Bin 打开对话框,即可设置选择 DIN

标准或 ANSI 标准。

各类元器件工具的用途如下。

（1）信号源库（Sources）：提供了模拟地、数字地、直流电压电流源、交流电压电流源等 29 个系列的信号源。这些都是虚拟信号源，可通过设置对话框对其进行重新设置。

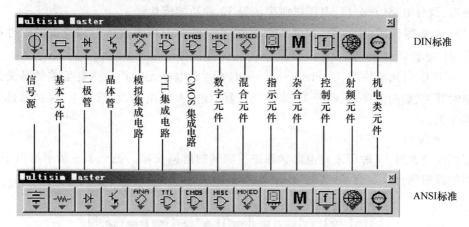

图 2.1.4　元器件库栏

（2）基本元件库（Basic）：提供了电阻、电容、电感、电位器、可变电容、可变电感、开关、继电器等共 22 种常用的电子元件。

（3）二极管库（Diodes）：提供了普通二极管、虚拟二极管、稳压二极管、发光二极管、单向可控硅、双向可控硅、双向触发二极管、整流桥和变容二极管等 9 个二极管系列。

（4）晶体管库（Transistors）：包括 NPN、PNP 双极型三极管（BJT），结型场效应管（JFET）和金属氧化物绝缘栅型场效应管（MOS FET）等半导体元件。

（5）模拟集成电路库（Analog ICs）：提供了运算放大器、电流差分运放、比较器、宽带放大器和特殊功能模块等 5 种类型模拟器件。

（6）TTL 集成电路库（TTL）：提供了 74 和 74LS 两个系列的 TTL 集成电路的仿真库，包括了大部分 74 系列型号。

（7）CMOS 集成电路（CMOS）：将 CMOS 数字集成电路分为 6 大类，实际上是 4×××系列和 74HC 系列，其中 4×××系列电源电压在 3～18 V 之间，而 74HC 系列在 2～6 V 之间。

注意：74HC 系列和 74 系列集成电路，当序号相同时其逻辑功能也相同，但由于电源电压和对输入端的处理不同，故尽管功能一样也不可以直接替换。

（8）其他数字元器件库（Digital ICs）：提供了 TIL、VHDL、Verilog 这 3 大类元件。其中 TIL 为单逻辑单元，一般是仅有一个逻辑单元或一些实际元件没有的逻辑单元。

（9）混合元器件库（Mixed Chips）：混合元器件库是指输入/输出中既有数字信号又有模拟信号的元件。主要包括 ADC/DAC、555 定时器、单稳态电路、模拟开关和锁相环。

（10）指示元器件库（Indicators）：包括电压表头、电流表头、电压控制器、灯泡、七段

17

数码管、条式指示器和蜂鸣器等 7 类元件。

（11）杂合元件库（Miscellaneous）**M**：杂合器件是一些使用较广，但又不好分类的元件，主要有石英晶体、熔断器、光电耦合器、三端稳压器、电子管、直流马达等。

（12）控制类元器件库控制元件（Controls）：包括乘法器、除法器、传输函数模块、电压增益器、微分电路、积分器、电压磁滞模块等 12 种功能模块。

（13）射频器件库（RF）：Multisim 提供了一些专门用于进行射频分析的元件模型，主要有 RF 电容、RF 电感、RF 三极管、RF 二极管和微带线等 RF 元件。

（14）机电类元器件库（Electromechanical）：机电类元件指一些电工类的开关元件，包括定时开关、瞬时开关、联动开关、线性变压器、线圈及继电器、敏感开关、保护器件、输出器件等 8 类。

4. 仪器库栏

仪器库栏含有 11 种用来对电路状态进行测试的虚拟仪器。图 2.1.5 所示给出了这 11 种仪器的按钮图标及其含义。

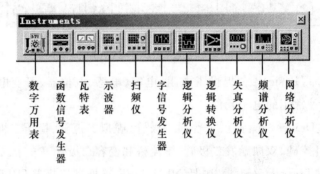

数字万用表　函数信号发生器　瓦特表　示波器　扫频仪　字信号发生器　逻辑分析仪　逻辑转换仪　失真分析仪　频谱分析仪　网络分析仪

图 2.1.5　仪器库栏

各种虚拟仪器的设置及使用方法将在后面作详细介绍。

2.1.2　其他功能

1. 电路窗口

电路窗口是界面中最大的一个区域，相当于一个实际设备的操作平台。电路的绘制编辑、仿真分析及数据波形显示等都在此窗口完成。

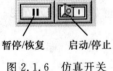

暂停/恢复　　启动/停止
图 2.1.6　仿真开关

2. 仿真开关

仿真开关用来控制仿真的进程，共有"启动/停止"和"暂停/恢复"两个按钮。如图 2.1.6 所示。

注意：仿真开关只有在电路加上信号源和虚拟仪器后才可进入运行状态。

3. 使用中的元件清单（In Use List）

使用中的元件清单列出了当前电路所使用的全部元件，用以进行检查或重复调用。

4. 状态栏

位于主窗口的最下面，用来显示有关当前操作及鼠标所指条目的有关信息。

2.2　Multisim 2001 使用入门

在创建电路图对其进行仿真分析之前,首先需要定制 Multisim 界面。

2.2.1　定制 Multisim 界面

定制 Multisim 界面的操作主要通过 Preferences 对话框中提供的各项选择功能实现。启动 Options 菜单中的 Preferences... 命令,即出现 Preferences 对话框,如图 2.2.1 所示。

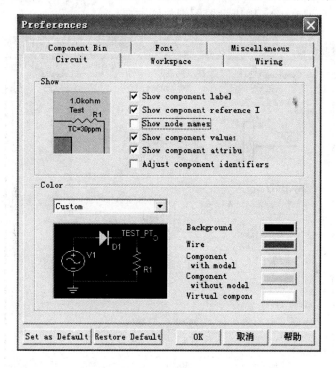

图 2.2.1　工作窗口设置对话框

1. 设置电路图选项

设置电路图选项为 Circuit 选项,图 2.2.1 即为 Circuit 页,该对话框分为两个区。

Show 区:用于设置元器件标号、参考编号、属性、标称值和节点号显示状态。

Color 区:用于设置电路图颜色,在下拉列表框中可以选择四种固定配色方案。还可以选择 Custom(定制),这样可自行进行电路图背景、连接线、元器件颜色设置。

2. 设置元器件符号标准

在图 2.2.2 中单击 Component Bin(部件箱)选项,屏幕弹出对话框。在 Symbol standard 区设置元器件符号标准,如图 2.2.2 所示。其中有 DIN(欧洲标准)和 ANSI(美国标准)两种标准。选择不同的符号标准,在元器件库中以不同的符号表示,DIN 标准比较接近我国国标符号。

图 2.2.2　元器件符号标准设置

3. 设置图纸大小

在图 2.2.1 中单击 Workspace 选项卡,屏幕弹出如图 2.2.3 所示窗口。Sheet size 用于设置标准图纸大小。Custom size 用于自定义图纸大小。Inches(英寸)和 Centimeter(厘米)用于设置单位制。Orientation 用于设置图纸放置方向。

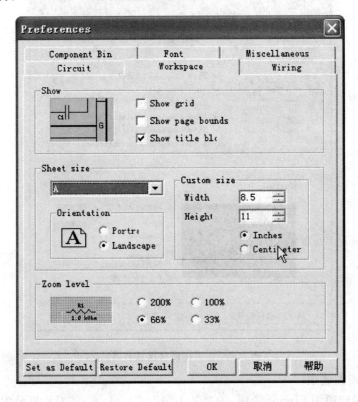

图 2.2.3　Workspace 页对话框

4. 设置栅格、页边缘和标题栏的显示状态

在图 2.2.3 中,Show 栏设置电路图栅格、页边缘和标题栏显示状态,单击复选框打"√"后选中该项。

执行 View/Show grid(显示栅格)、Show page bounds(显示页边缘)和 Show title block and border(显示标题栏)可设置显示或隐藏状态。图 2.2.4 所示为使用栅格和标题栏的电路。

5. 自动备份设置

在图 2.2.3 中单击 Miscellaneous 选项卡,选中 Auto backup 可以设置自动备份时间。

6．字体、字号设置

在图 2.2.3 中单击 Font(字体)选项卡可以设置元器件标号、标称值、管脚号、节点号、说明文字等的字体和字号大小等。

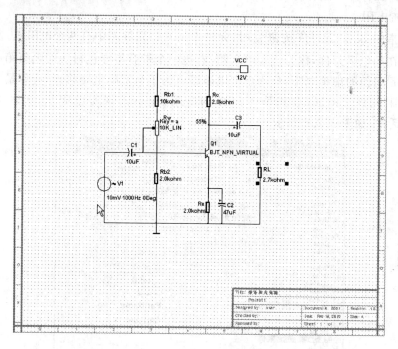

图 2.2.4　使用栅格和标题栏的电路

2.2.2　原理图的创建

下面以一个单管放大电路为例介绍原理图的创建过程,电路图如图 2.2.5 所示。

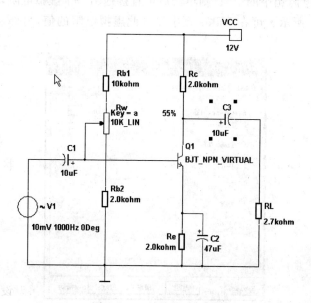

图 2.2.5　单管放大电路

1. 放置元件

Multisim 已将所有的元件模型分门别类地放置在了元件工具栏的元件库中。设计者可以在相应的元件库中选择所需要的元件。

（1）放置电阻

将鼠标指向 Basic 元件库按钮 时，元件库展开。元件库中有两个电阻箱，左边一个存放着现实存在的电阻元件，称为现实电阻箱；右边一个带有墨绿色衬底的电阻箱中存放着一个可任意设置阻值的虚拟电阻，称为虚拟电阻箱。为了与实际电路接近，应尽量选用现实电阻箱中的电阻元件。例如，要选取 10 kΩ 的电阻，先单击现实电阻箱，出现 Component Browser 对话框，如图 2.2.6 所示。

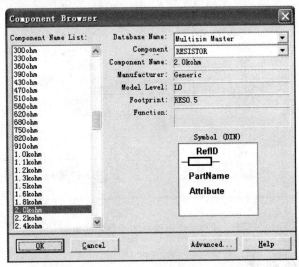

图 2.2.6　Component Browser 对话框

如果选择虚拟电阻箱中的电阻，则单击后可直接拖出一个虚拟电阻，双击后可打开属性设置框，如图 2.2.7 所示。可在 Value 页中设置此虚拟电阻的值，另外，还可在 Label 页中设置元器件标号。

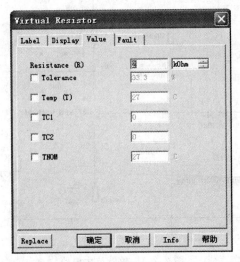

图 2.2.7　虚拟电阻属性设置框

（2）放置电位器

在 Basic 元件库中找到电位器，利用与放置电阻同样的方法将电位器 10K_LIN 放置到电路窗口，双击该电位器，屏幕弹出电位器控制键设置窗口，如图 2.2.8 所示。

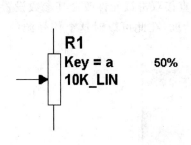
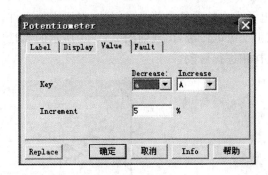

图 2.2.8　电位器控制键设置窗口

元件中的"50%"为当前阻值的百分比，Key 用于设置控制键，Decrease 表示递减，Increase表示递增，图 2.2.8 中设置为按"a"键减小阻值，按"A"键增大阻值，大小写变换可以通过键盘上的<Shift>键进行，控制键可以自行改变；Increment 栏用于设置每次调整的百分比，图中设置为 5%。

（3）放置电容

在 Basic 元件库中找到电解电容箱，利用与放置电阻同样的方法可以将两个 $10\,\mu F$ 和一个 $47\,\mu F$ 的电解电容放置到电路窗口中。

（4）放置三极管

从晶体管库中选择虚拟晶体三极管，双击元件，打开元件属性对话框，如图 2.2.9 所示。选择 Value 页，单击 Edit Model，即出现 Edit Model 对话框，如图 2.2.10 所示。其中，BF 即是 β（电流放大倍数），其值可根据需要修改。然后单击 Change Part Model 按钮，回到 BJT_NPN_VIRTUAL 对话框，单击"确定"按钮，三极管即放置完毕。

图 2.2.9　BJT_NPN_VIRTUAL 元件属性对话框　　　　图 2.2.10　Edit Model 对话框

（5）放置电源、地

放置直流电压源：将鼠标指向 Source 元件库按钮 ，电源元件库展开，选择直流电压

源  或简化的直流电压源 ，可将直流电压源放置在电路窗口中。

　　放置交流信号源：交流信号源可以采用信号发生器产生，也可以直接调用交流电压源，在电源库中单击按钮 ，可选择一个交流电压信号源放置在电路窗口中。

　　电源库中的元件全部是虚拟的，对于虚拟元件，可直接双击该元件改变其参数设置。例如，双击交流电压源，出现如图 2.2.11 所示的属性对话框，在此可以对这个信号源的大小、频率、初相进行修改。

图 2.2.11　AC Voltage 属性对话框

　　放置接地端：如果电路没有接地端，通常不能进行有效的分析。单击 Source 元件库中的接地按钮，再将其拖出至合适位置，单击释放即可。

2. 调整元件

　　在电路中，元件有时需要水平放置，有时又需要垂直放置。Multisim 提供了水平放置、垂直放置、顺时针旋转 90°和逆时针旋转 90°共 4 种旋转方式。有两种操作方法：①右击需要旋转的元件，就可以弹出快捷菜单，如图 2.2.12 所示；②选中要旋转的元件，执行 Edit 菜单下的相应命令即可。

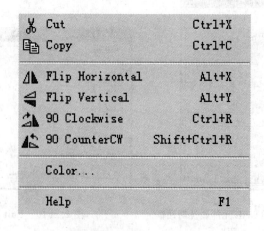

图 2.2.12　调整元器件

　　设计时若需要调整元件的参考序号，可双击元件，打开元件的属性对话框。选择 Label

在 Reference ID 中进行调整。如将负载电阻的参考序号改成 RL,如图 2.2.13 所示。

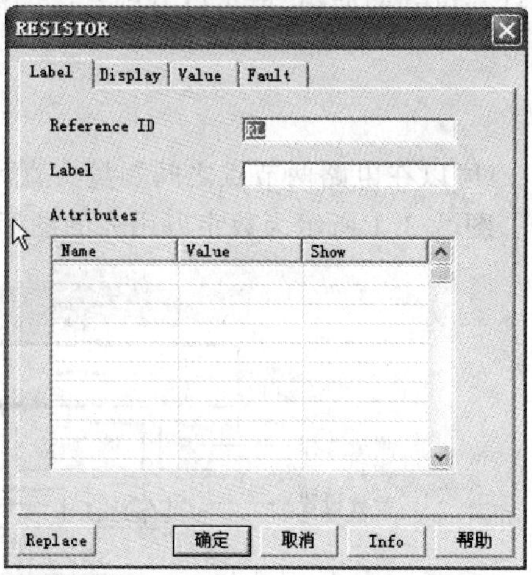

图 2.2.13 设置元件的参考序号

3. 元件的连线操作

(1) 导线的连接。将光标指向所要连接的元件的引脚上,鼠标指针就会变成圆圈状,单击左键并移动光标,即可拉出一条虚线;当导线需要拐弯时,单击左键,到达另一元件对应引脚时再单击左键,即完成了一次导线的连接。如果对所画的导线不满意,可选中该线,按 <Delete> 键删除掉。

(2) 设置导线的颜色。当复杂的电路导线较多时,可以将不同的导线标上不同的颜色来加以区分。先选中该导线,单击右键,通过弹出的快捷菜单中的 Color 选项来设置颜色。

 注意:导线的颜色会改变示波器等测试仪器所显示的波形的颜色。

(3) 修改走线。某些线连接好后,想进行局部调整,可以单击该连线,连线上出现很多拖动点,单击两拖动点之间的连线,光标变成双箭头,拖动箭头实现正交修改;如果单击拖动点,则该点上出现三角箭头,此时拖动箭头实现任意角度的走线。

4. 节点的使用

在连线过程中,如果连线一端为元器件管脚,另一端为导线,则在导线交叉处系统自动打上节点。若连线的起点不是元器件管脚或节点,则需要执行菜单 Place→Place Junction 在电路中手工添加节点。

5. 原理图中的文字描述

执行菜单 Place→Place Text,在工作区中需要放置文字说明的地方单击一下,即可输入文字,单击鼠标右键结束输入。

2.3 Multisim 2001 虚拟仪器的使用

在 Multisim 2001 的仪器库中存放有 11 台虚拟仪器可供使用,它们是数字万用表、函数信号发生器、双踪示波器、波特图示仪、字信号发生器、逻辑分析仪、逻辑转换仪等。这些虚拟仪器在电路中以图标的形式存在,当需要观察、测试数据与波形,或者重新设置仪器的参数指标时,可以通过双击打开仪器的面板,就可以看到具体的测试数据与波形。

2.3.1 数字万用表

数字万用表(Multimeter)可以在电路两节点之间测量交直流电压、交直流电流、电阻和分贝值,它能自动调整量程。图2.3.1所示为数字万用表的图标和面板图。

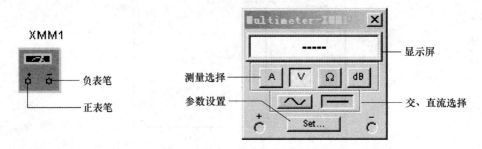

图 2.3.1 数字万用表的图标和面板图

1. 电路连接

图标上的＋、－两个端子用来连接所要测试的端点,连接方法同实际的万用表一样。

(1) 测电压或电阻时,应与所要测试的端点并联。

(2) 测电流时,应串入被测支路中。

2. 面板操作

(1) 电压、电流测量

选择面板上的【V】按钮或【A】按钮将万用表设置为测量电压或测量电流,根据测量的信号是交流还是直流,通过面板上的【～】按钮或【一】按钮来切换。

(2) 电阻测量

测量某电路的电阻,需将万用表两表笔与被测电路相并联,选择面板上的【Ω】按钮,启动电路后,在面板上就可以读出测量的阻值。

在测量电阻时应注意:

① 电路中必须有一个接地点,否则无法测出电阻阻值;

② 测量的电路中不能存在交直流信号源,否则测量结果不准确;

③ Multisim提供的万用表电阻挡无法判断二极管、三极管的好坏。

(3) 参数设置

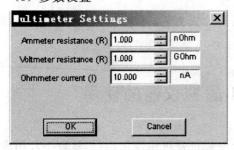

图 2.3.2 数字万用表的参数设置

单击面板上的【Set】(参数设置)按钮,屏幕弹出对话框,设置电压挡、电流挡的内阻,电阻挡的电流值等参数,如图2.3.2所示。

在参数设置对话框中,Ammeter resistance(R):设置电流挡的内阻,其大小影响电流的测量精度;Voltmeter resistance(R):设置电压挡的内阻,其大小影响电压的测量精度;Ohmmeter current(I):设置用欧姆挡测量时,流过欧姆表的电流值。

此外,在 Multisim 2001 的指示元件库(Indicators)中提供有电压表(Voltmeter)和电流表(Ammeter),如图 2.3.3 所示。双击电压表或电流表,屏幕弹出仪表设置对话框。单击 Value 选项卡,设置仪表参数。图 2.3.4 中的 Resistance 栏用于设置内阻。一般为提高测量精度,电压表的内阻要设置大一些,电流表的内阻要设置小一些。Mode 下拉列表框用于选择交流(AC)、直流(DC)工作方式。当设置为交流模式时,显示的是交流电压的有效值。

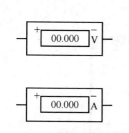
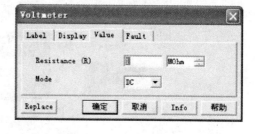

图 2.3.3　虚拟电压表和电流表　　　图 2.3.4　电压表参数设置

2.3.2　函数信号发生器

如图 2.3.5 所示为函数信号发生器(Function Generator)的图标和面板,它主要用来产生正弦波、方波和三角波信号。信号频率、幅值均可调整,频率可在 1 Hz 到 999 MHz 范围内调整。对于三角波和方波可以设置其占空比(Duty Cycle)的大小,还可以将正弦波、方波和三角波信号叠加到设置的电压偏置(Offser)上。函数信号发生器与电路的连接分为以下两种方式。

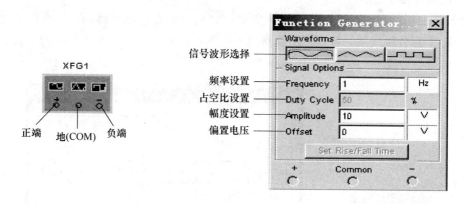

图 2.3.5　函数信号发生器

(1) 单极性连接方式。将"COM"端与电路的地相连,"+"端或"-"端与电路的输入端相连。这种方式一般用于普通电路。

(2) 双极性连接方式。将"+"端与电路输入的"+"端相连,而"-"端与电路输入的"-"端相连。这种方式一般用于信号发生器与差分电路相连,如差动放大器、运算放大器等。

27

2.3.3 功率计

功率计(Wattmeter,也称瓦特表)用于测量电路中的平均功率和功率因子,图2.3.6所示为功率计的图标和面板图。在进行电路连接时,标"V"的两个端子为电压输入端口,与测试电路并联;标"I"的两个端子为电流输入端口,与测试电路串联。所测得的功率显示在面板上面的栏内,该功率是所测电路的平均功率,单位会自动调整。

Power Factor:显示功率因素。

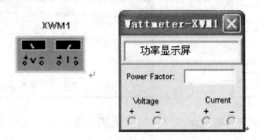

图2.3.6 功率计的图标和面板图

2.3.4 示波器

示波器(Oscilloscope)是电子测量中使用最为频繁的重要仪器之一,可用来观测信号的波形并可测量信号的幅度、频率、周期和相位差等参数。Multisim 2001提供了数字式存储示波器,借助它用户可以看到通常在实验室无法看到的瞬间变化的波形,并加以存储保留。

1. 电路连接

示波器的图标和面板图如图2.3.7所示。它是一个双踪示波器,有A、B两个通道,G是接地端,T是外触发端。该虚拟示波器与实际的示波器的连接方式稍有不同,如图2.3.8所示。

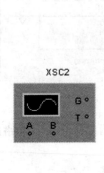

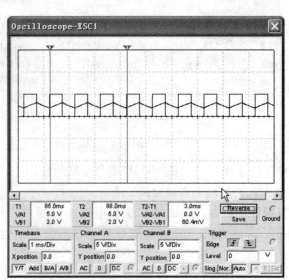

图2.3.7 示波器的图标和面板图

（1）A、B 两个通道分别只需一根线与被测点相连，测量的是该点与"地"之间的波形；

（2）接地端 G 一般要接地，但当电路中已有接地符号，也可不接。

2. 面板操作

示波器的控制面板分为以下四个部分。

（1）Time base（时间基准）

Scale（量程）：设置显示波形时的 X 轴时间基准，表示 X 轴方向每一刻度代表的时间。

X position（X 轴位置）：设置 X 轴的起始位置。

显示方式设置有四种：Y/T 方式指的是 X 轴显示时间，Y 轴显示电压值；Add 方式指的是 X 轴显示时间，Y 轴显示 A 通道和 B 通道电压之和；A/B 或 B/A 方式指的是 X 轴和 Y 轴都显示电压值。

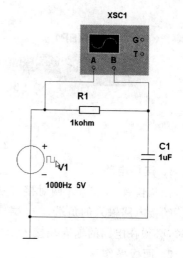

图 2.3.8　示波器连接示例

（2）Channel A（通道 A）

Scale（量程）：通道 A 的 Y 轴电压刻度设置。

Y position（Y 轴位置）：设置 Y 轴的起始点位置，起始点为 0 表明 Y 轴和 X 轴重合，起始点为正值表明 Y 轴原点位置向上移，否则向下移。

触发耦合方式：AC（交流耦合），0（0 耦合），DC（直流耦合）。交流耦合只显示交流分量，直流耦合显示直流和交流之和，0 耦合在 Y 轴设置的原点处显示一条直线。

（3）Channel B（通道 B）

通道 B 的 Y 轴量程、起始点、耦合方式等项内容的设置与通道 A 相同。

（4）Tigger（触发）

触发方式主要用来设置 X 轴的触发信号、触发电平及边沿等。Edge（边沿）：设置被测信号开始的边沿，设置先显示上升沿或下降沿。Level（电平）：设置触发信号的电平，使触发信号在某一电平时启动扫描。触发信号选择：Auto（自动）、通道 A 和通道 B 表明用相应的通道信号作为触发信号；ext 为外触发；Sing 为单脉冲触发；Nor 为一般脉冲触发。

触发方式有六种选择，一般情况下使用"Auto"方式。

3. 示波器读数方法

为了测量准确和读数方便，一般在暂停仿真操作冻结波形后，再进行观测。图 2.3.7 中的指针 1 处读数中的 T1 表示当前位置的时刻，VA1 表示当前位置 A 通道的电压值，VB1 表示当前位置 B 通道的电压值；指针 1、2 处的读数差中的 T2－T1 表示两读数轴之间的时间差，它一般用于测量信号周期等；VA2－VA1（或 VB2－VB1）表示两读数轴处 A（或 B）通道波形的电压差，一般用于测量信号的幅度、峰峰值等。从图 2.3.7 中可以看出，A 通道的信号电压值为 5 V，周期为 1 ms。

2.3.5　波特图示仪

波特图示仪（Bode Plotter）用来测量电路的幅频特性和相频特性，也称扫频仪，其图标和面板图如图 2.3.9 所示。

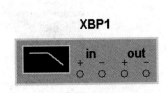
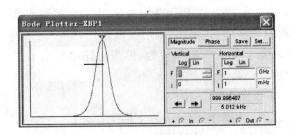

图 2.3.9 波特图示仪的图标和面板图

1. 连接电路

扫频仪有 in 和 out 两对接线端口,其中,in 端口的"＋"端接电路输入的正端,in 端口的 "－"端接电路输入的负端;out 端口的"＋"端和"－"端分别接电路输出的正端和负端。使用时,必须在电路的输入端接入 AC(交流)信号源,但对其频率的设定并无特殊要求。

2. 面板操作

波特图示仪测量幅频特性和相频特性曲线时,单击【Magnitude】按钮显示幅频特性曲线;单击【Phase】按钮显示相频特性曲线;单击【Save】按钮保存测量结果;单击【Set】按钮设置扫描的分辨率,数值越大精度越高。

Vertical(垂直坐标)和 Horizontal(水平坐标):可以选择的类型有 Log(对数)和 Lin(线性),I 和 F 分别是用来设置坐标起点值和坐标终点值。水平坐标表示测量信号的频率,垂直坐标表示测量信号的增益或相位。一般地,垂直轴选择采用 Lin(线性)刻度,水平轴选择采用 Log(对数)刻度。

3. 测量读数

读数时可以拖动读数指针或单击读数轴光标键 ← → ,读数栏内显示指针处的读数。图 2.3.9 中读数为:电压 999.996 487 V,频率 5.012 kHz。

2.3.6 字信号发生器

字信号发生器(Word Generator)也称为数字逻辑信号源,是一个最多能够产生 32 位逻辑信号,用来对数字电路进行逻辑测试的仪器,其图标及面板图如图 2.3.10 所示。由图标可见其左边及右边各有 16 个接线柱,表示最多可以输出 32 路数字信号。

1. 连接电路

图标左边 16 个端子输出低 16 位逻辑信号,右边 16 个端子输出高 16 位逻辑信号,R 端为数据准备就绪端,T 端为外触发信号端。

2. 面板操作

双击图标可打开字信号发生器的面板,如图 2.3.10 所示。面板图最左侧是字信号显示区,32 位的字信号以 8 位十六进制数进行显示,显示的内容可以通过滚动条前后移动,输出状态及变化的规则可自定义。其面板共有 6 个区:Address 区、Edit 区、Trigger 区、Frequency 区、Controls 区和当前输出数据显示区。

(1) Address 区:设置字信号地址。

Edit:显示当前正在编辑的字信号的地址。

Current:显示当前正在输出的字信号的地址。

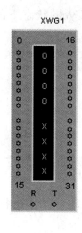
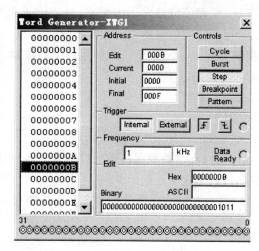

图 2.3.10　字信号发生器的图标和面板图

Initial 和 Final：分别用于设定输出字信号的首地址和末地址。

（2）Controls 区：设置字信号的输出方式。

Cycle：表示字信号的输出为循环方式，即循环不断地进行 Burst 方式的字信号输出。

Burst：表示字信号是从首地址开始连续逐条单循环地输出字信号。

Step：表示单步输出，即每单击鼠标一次输出一条字信号。

Breakpoint：设置中断点。在 Cycle 和 Burst 方式中，要使字信号输出到某条地址后自动停止输出，应先用鼠标选择要停止的位置（地址），单击 Breakpoint 按钮，此时左边数据区中对应地址的数据右边出现一个"＊"号，运行至断点处将停止输出，按暂停或 F6 键可以恢复输出。

Pattern：当需要清除设置的断点地址时，打开 Pattern 对话框，如图 2.3.11 所示，选中 Clear buffer，再单击 Accept 按钮即可。

　Pattern 对话框中其他选项的作用如下。

① Open：打开字信号文件。

② Save：将字信号文件存盘。

③ Up Counter：选中的地址区数据递增编码，如 0000，0001，0002，0003，…

④ Down Counter：选中的地址区数据递减编码，如 000F，000E，000D，000C，…

图 2.3.11　Pattern 对话框

⑤ Shift Right：选中的地址区数据右移方式编码。如 8000，4000，2000，1000，0800，…

⑥ Shift Left：选中的地址区数据左移方式编码。如 0001，0002，0004，0008，0010，…

（3）Trigger 区：设置触发方式。

Internal：内部触发。

External：外部触发，将输入端 T 连接的信号设置为触发信号。

⎇ ⎇：上升沿触发和下降沿触发。

31

（4）Frequency 区：设置字信号输出的频率，在 Burst 和 Cycle 状态下的输出快慢由设定的输出频率决定。

（5）Edit 区：编辑 Address 区中 Edit 所指地址中的数据，可以使用以下 3 种方式之一输入数据。

Hex：8 位十六进制数。

ASCII：4 位 ASCII 码。

Binary：32 位二进制数。

除了以上方法，还可以在左边数据区中选取后直接编辑其中的数据，左边数据区中的数据是以 8 位十六进制数的形式存放的。

（6）输出显示区：输出端输出信号的同时会在面板的最下边显示输出各位的数据。

2.3.7 逻辑分析仪

逻辑分析仪（Logic Analyzer）可以同时记录和观察多路逻辑信号的波形，主要用于对数字信号的高速采集和时序分析，是分析和调试数字系统的重要工具。图 2.3.12 所示为逻辑分析仪的图标和面板图。

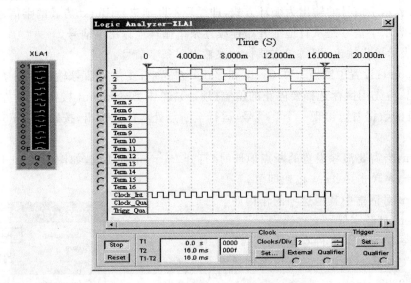

图 2.3.12　逻辑分析仪的图标和面板图

1. 连接电路

图标左侧 16 个端口是逻辑分析仪的输入信号端口，从上至下依次为最低位至最高位，使用时连接到电路的测量点。图标下部还有 3 个端子，C 是外时钟输入端，Q 是时钟控制输入端，T 是触发控制输入端。

2. 逻辑波形显示

双击图标可以打开逻辑分析仪的面板，其操作如下。

被采集的多路信号以方波形式显示在显示区屏幕上，通过设置输入导线的颜色可以修改相应波形的颜色，这样可用颜色区分不同的多路信号。Stop 是停止仿真按钮，单击它可以显示当前的波形；Reset 是复位并清除显示波形按钮。

3. 时钟控制设置

Clock 区：包括 Clock/Div 栏 Set 按钮。

Clock/Div(时基)：设置在显示屏上单位水平刻度显示的时钟脉冲数。当波形密集时，可将时基设置小一点。

Set 按钮：设置时钟脉冲，单击该按钮后出现如图 2.3.13 所示对话框。其中，Clock Source 区是时钟脉冲来源，如果选取 External 则设置成由外部取得时钟脉冲；如果选取 Internal 则设置成由内部取得时钟脉冲。Clock Rata 区的功能是选取时钟脉冲的频率。Sampling Setting 区的功能是设置取样方式。

4. 触发模式设置

Trigger 区：设置触发方式，单击 Set 按钮，出现如图 2.3.14 所示对话框。其中，Trigger Clock Edge 区的功能是设定触发方式，包括 Positive(上升沿触发)、Negative(下降沿触发)、Both(升、降沿触发均可)3 个选项。Trigger Patterns 区的功能是设置触发样本，可以在 Pattern A、Pattern B 及 Pattern C 栏中设定触发样本，也可以在 Trigger Combinations 栏中选择组合的触发样本。当所有项目选定后，单击 Accept 按钮即可确定。

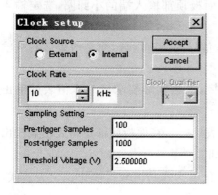

图 2.3.13　时钟控制设置

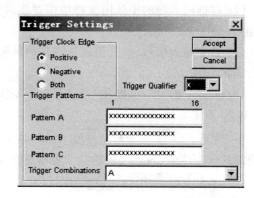

图 2.3.14　触发模式设置

2.3.8　逻辑转换仪

逻辑转换仪(Logic Converter)是 Multisim 2001 特有的虚拟仪器设备，实验室中并不存在这样的实际仪器。逻辑转换仪主要功能是很方便地完成真值表、逻辑表达式和逻辑电路三者之间的相互转换。逻辑转换仪的图标如图 2.3.15 所示。

1. 连接电路

逻辑转换仪的图标中有 9 个端子，左边 8 个端子用于连接电路的输入端，右边的 1 个端子用于连接电路的输出端。只有在将逻辑电路转换为真值表时，才需将图标与逻辑转换仪相连。

2. 从逻辑电路导出真值表

(1) 绘制逻辑电路。将逻辑电路的输入端连到逻辑转换仪的输入端，将逻辑电路的输出端连到逻辑转换仪的输出端，如图 2.3.16(a)所示。

图 2.3.15　逻辑转换仪的图标

（2）单击 [⊐ → 10̄1] 按钮（电路→真值表），系统自行转换并在真值表区列出该电路的真值表，如图 2.3.16(b)所示。

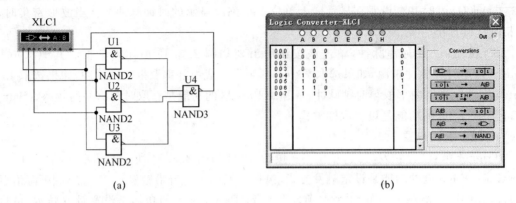

(a)   (b)

图 2.3.16　需要转换的电路及转换后的真值表

3. 从真值表导出逻辑表达式

（1）根据输入端的个数用鼠标单击逻辑转换仪面板顶部输入端的小圆圈，选定输入信号（由 A 到 H）。

（2）选定输入信号后，真值表区将自动出现输入信号的所有组合，而真值表区右端输出列全部显示为"?"。

（3）鼠标单击"?"，可以在"0"、"1"、"X"之间切换，根据实际要求修改真值表的输出值 0、1 和 X(不定)。

（4）单击 [10̄1 → A|B] 按钮（真值表→表达式），在面板底部逻辑表达式栏出现相应的逻辑表达式，表达式中的"ˋ"表示逻辑变量"非"。

（5）单击 [10̄1 SIMP A|B] 按钮（真值表→简化表达式），可获得简化逻辑表达式，经过转换后的简化表达式如图 2.3.17 所示。

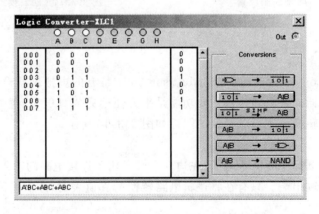

图 2.3.17　由真值表导出的逻辑表达式

第3章　数字基础实验

【内容简介】

    本章主要介绍了数字电子技术7个基础实验：门电路逻辑功能及测试；组合逻辑电路的分析与设计；半加器、全加器；数据选择器及其应用；编码器、译码器及其应用；数值比较器及其应用；触发器及其应用。5个设计性实验：移位寄存器及其应用；用触发器构成异步计数器电路；集成计数器及其应用；集成脉冲电路及其应用；555定时器及其应用。

【重点难点】

    熟练掌握数字实验箱的使用、数字电路的测试方法及故障排查方法，掌握仿真软件的使用。

实验一　门电路逻辑功能及测试

一、实验目的

    1. 熟悉常用集成门电路的逻辑功能及测试方法。

    2. 熟悉各种门电路的管脚排列，进一步熟悉仿真软件和数字实验箱的使用。

    3. 学习利用与非门组成其他逻辑门电路并验证其逻辑功能。

二、实验仪器、设备及元器件

    1. 数字电路实验箱。

    2. 万用表。

    3. 集成芯片：

74LS00　　2输入端四与非门　　2片；

74LS86　　2输入端四异或门　　1片。

    4. Multisim 2001仿真软件。

三、预习内容

    1. 集成逻辑门有许多种，如与门、或门、非门、与非门、或非门、与或非门、异或门等，但其中与非门用途最广。74LS00是"TTL系列"中的与非门，是四-2输入与非门电路，即在一块集成电路内含有四个独立的与非门。每个与非门有2个输入端。

    2. 利用与非门可以组成其他许多逻辑门。要实现其他逻辑门的功能，只要将该门的逻辑函数表达式化成与非-与非表达式，然后用多个与非门连接起来就可以达到目的。例如，

要实现或门 $Y=A+B$，根据摩根定律，或门的逻辑函数表达式可以写成 $Y=\overline{\overline{A}\cdot\overline{B}}$，可用三个与非门连接实现。

四、计算机仿真实验内容

1. 测与非门的逻辑功能

（1）单击电子仿真软件 Multisim 2001 基本界面左侧工具条的"TTL"按钮，从弹出的对话框中选取一个与非门 74LS00D，将它放置在电子平台上，如图 3.1.1 所示。

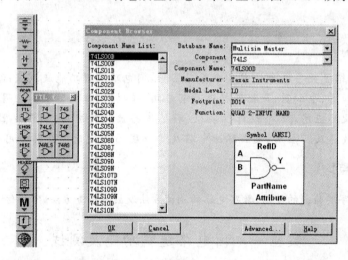

图 3.1.1　选取 74LS00D

（2）单击真实元件工具条的"Source"按钮，将电源 V_{CC} 和地线调出放置在电子平台上。

（3）单击真实元件工具条的"Basic"按钮，将单刀双掷开关"J1"和"J2"调出放置在电子平台上，并根据需要进行反转，分别双击"J1"和"J2"图标，将弹出对话框的"Key for Switch"栏设置成"A"和"B"，如图 3.1.2 所示，最后单击对话框下方"OK"按钮退出。

（4）单击基本界面右侧虚拟仪器工具条"万用表"按钮，调出虚拟万用表"XMM1"放置在电子平台上，如图 3.1.3 所示。

图 3.1.2　设置开关对应的按键

图 3.1.3　选择万用表

（5）将所有元件和仪器连成仿真电路，如图 3.1.4 所示。

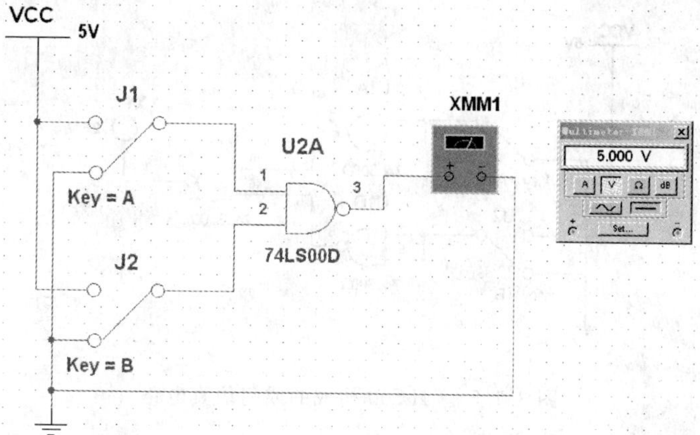

图 3.1.4　74LS00 门电路仿真测试

（6）双击虚拟万用表图标"XMM1"，将出现它的放大面板，按下放大面板上的"电压"和"直流"两个按钮，可测量直流电压，如图 3.1.4 所示。

（7）打开仿真开关，按表 3.1.1 所示，分别按动"A"和"B"键，使与非门的两个输入端为表中 4 种情况，从虚拟万用表的放大面板上读出各种情况的直流电位，将它们填入表内，并将电位转换成逻辑状态填入表内。

表 3.1.1　与非门逻辑功能测试

输入端		输出端	
A	B	电位/V	逻辑状态
0	0		
0	1		
1	0		
1	1		

2. 用与非门组成其他功能门电路

（1）用与非门组成或门

1）根据摩根定律，或门的逻辑函数表达式 $Q = A + B$ 可以写成 $Q = \overline{\overline{A} \cdot \overline{B}}$，因此，可以用三个与非门构成或门。

2）从电子仿真软件 Multisim 2001 基本界面左侧工具条的"TTL"按钮中调出 3 个与非门 74LS00N。

3）从真实元件工具条的"Basic"按钮中调出 2 个单刀双掷开关，并分别将它们设置成 Key＝A 和 Key＝B；从真实元件工具条的"Source"按钮中调出电源和地线。

4）单击电子仿真软件 Multisim 2001 基本界面左侧 Indicators 工具条，从中调出 PROBE 指示灯，将它们放置到电子平台上。

5）连成或门仿真电路如图 3.1.5 所示。

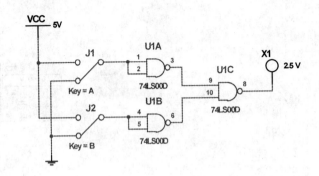

图 3.1.5　74LS00 构成的或门仿真电路

6）打开仿真开关，按表 3.1.2 要求，分别按动"A"和"B"，观察并记录指示灯的发光情况，将结果填入表 3.1.2 中。写出各个与非门输出端的逻辑函数式，判断最终是否与或门的逻辑函数式相符。

表 3.1.2　或门逻辑功能测试

输入		输出	
A	B	指示灯状况	逻辑状态
0	0		
0	1		
1	0		
1	1		

（2）用与非门组成异或门

1）按图 3.1.6 所示调出元件并组成异或门仿真电路。

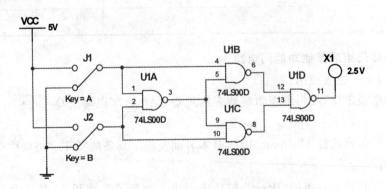

图 3.1.6　74LS00 构成的异或门仿真电路

2）打开仿真开关，按表 3.1.3 要求，分别按动"A"和"B"，观察并记录指示灯的发光情况，将结果填入表 3.1.3 中。

38

表 3.1.3　异或门逻辑功能测试

输　入		输　出	
A	B	指示灯状况	逻辑状态
0	0		
0	1		
1	0		
1	1		

3) 写出图 3.1.3 中各个与非门输出端的逻辑函数式,判断最终是否与异或门的逻辑函数式相符。

(3) 用与非门组成同或门

1) 按图 3.1.7 所示调出元件并组成同或门仿真电路。

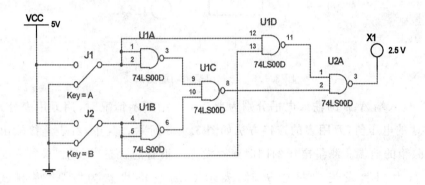

图 3.1.7　74LS00 构成的同或门仿真电路

2) 打开仿真开关,按表 3.1.4 要求,分别按动"A"和"B",观察并记录指示灯的发光情况,将结果填入表 3.1.4 中。

表 3.1.4　同或门逻辑功能测试

输　入		输　出	
A	B	指示灯状况	逻辑状态
0	0		
0	1		
1	0		
1	1		

3) 写出图 3.1.7 中各个与非门输出端的逻辑函数式,判断最终是否与同或门的逻辑函数式相符。

五、实验室操作实验内容

1. 测试与非门的逻辑功能

（1）首先将集成电路芯片 74LS00 插在实验箱上，取一根导线将芯片的 14 管脚和试验箱上的 5 V 直流电压输出端相连，再取一导线将芯片的 7 管脚与实验箱上的地端相连。然后从此芯片中任选一个与非门，将它的两个输入端 A、B 分别与实验箱逻辑电平输出插孔连接，每个插孔下方都对应一个拨动开关，用于控制此孔输出电平为"1"或"0"。输出端 Q 和实验箱上任一个发光二极管相连。测试电路如图 3.1.8 所示。

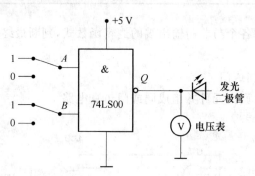

图 3.1.8　与非门逻辑功能测试

（2）当输入端 A、B 的输入电平分别为表 3.1.5 中所示情况时，用万用表分别测出输出端 Q 对地的电压值，万用表的连接方法如图 3.1.8 所示。其中，红表笔接输出端 Q，黑表笔接实验箱的地端。测量电压的同时观察发光二极管的状态，发光二极管亮时，表示 Q 端逻辑状态为"1"，发光二极管灭时，表示 Q 端逻辑状态为"0"。将测试结果填入表 3.1.5 中。

表 3.1.5　与非门逻辑功能测试表

输入端		输出端 Q	
A	B	电压/V	逻辑状态
0	0		
0	1		
1	0		
1	1		

2. 测试四 2 输入异或门 74LS86 的逻辑功能

（1）首先将集成电路芯片 74LS86 插在实验箱上，取一根导线将此芯片的 14 管脚和试验箱上的 5 V 直流电压输出端相连，再取一导线将此芯片的 7 管脚与实验箱上的地端相连。然后从此芯片中任选一个异或门，进行逻辑功能的测量，测量电路连接方法同上一步与非门的测量。异或门逻辑功能测试电路如图 3.1.9 所示。

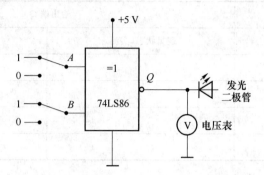

图 3.1.9 异或门的逻辑功能测试

(2) 测量步骤同上一步与非门的测量。按照表 3.1.6 改变输入端电平,将测量结果填入表 3.1.6 中。

表 3.1.6 异或门测试表

输入端		输出端 Q	
A	B	电压/V	逻辑状态
0	0		
0	1		
1	0		
1	1		

3. 用与非门组成其他功能门电路

(1) 用与非门组成与门

1) 与门的逻辑函数表达式 $Q = A \cdot B$ 可以写成 $Q = \overline{\overline{A \cdot B}}$。按此表达式可知两个与非门即可组成与门。逻辑电路图如图 3.1.10 所示。

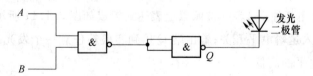

图 3.1.10 与门电路连接图

2) 在 74LS00 中任意选两个与非门按图 3.1.10 连接电路,输入端 A、B 接逻辑电平开关,输出端 Q 接发光二极管,拨动逻辑开关,观察发光二极管的亮与灭,测试其逻辑功能,结果填入表 3.1.7 中。

表 3.1.7　由与非门构成与门测试表

输入端		输出端 Q	
A	B	逻辑状态(实测)	逻辑状态(理论)
0	0		
0	1		
1	0		
1	1		

（2）用与非门组成或门

1）根据摩根定律，或门的逻辑函数表达式 $Q=A+B$，可以写成 $Q=\overline{\overline{A}\cdot\overline{B}}$，因此可以用三个与非门组成或门。

2）画出实验电路图，自拟实验步骤，并在实验箱上连好实验电路，利用逻辑电平开关给出输入端的高低电平，利用发光二极管亮或灭确定输出端 Q 的逻辑状态。将检测电路的输入和输出结果，填入表 3.1.8 中。

表 3.1.8　或门测试表

输入端		输出端 Q	
A	B	逻辑状态(实测)	逻辑状态(理论)
0	0		
0	1		
1	0		
1	1		

（3）用与非门组成异或门

1）异或门的逻辑函数表达式 $Q=A\oplus B$，可以写成 $Q=\overline{A}B+A\overline{B}=\overline{\overline{\overline{A}B}\cdot\overline{A\overline{B}}}$。由此可知用 5 个与非门即可组成异或门。

2）在实验箱上用 2 片 74LS00 按照以上表达式组成如图 3.1.11 所示电路。其中，A、B 两个输入端分别接入逻辑电平开关；输出端 Q 接到实验箱任意一个发光二极管对应的接线孔，用以观察输出电平的高低。

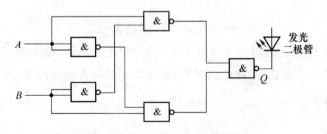

图 3.1.11　与非门组成异或门

3）按表 3.1.9 要求,分别扳动输入端 A、B 的两个拨动开关,设置电路输入端的 4 种逻辑状态,观察并记录指示灯的发光情况,将测量结果填入表 3.1.9 中。

表 3.1.9　异或门测量结果

输入端		输出端 Q	
A	B	逻辑状态(实测)	逻辑状态(理论)
0	0		
0	1		
1	0		
1	1		

六、实验报告要求

1. 画出实验室操作实验中全部实验电路图,整理各表格数据,并对实验结果进行分析,写出电路中各级与非门的输出逻辑表达式。

2. 整理并填写仿真实验各数据。

七、思考题

1. 与非门、异或门的逻辑功能。

2. 比较实验数据和仿真数据,总结两种实验方法的优缺点。

实验二　组合逻辑电路的分析与设计

一、实验目的

1. 掌握组合逻辑电路的分析与设计方法。

2. 加深对基本门电路使用的理解。

二、实验仪器、设备及元器件

1. 数字逻辑实验箱。

2. 器件:

74LS00　　2 片;

74LS20　　1 片。

3. Multisim 2001 仿真软件。

三、实验原理

1. 组合逻辑电路是最常用的数字电路,在电路结构上基本是由逻辑门电路组成的。常见的典型电路有编码器、译码器、数据选择器、比较器、全加器等。组合逻辑电路的分析,就

是找出给定逻辑电路输出和输入之间的关系,从而了解其逻辑功能。一般分析方法如下:

(1) 由逻辑图写出各输出端的逻辑表达式;

(2) 化简和变换各逻辑表达式;

(3) 列出真值表;

(4) 根据真值表和逻辑表达式对逻辑电路进行分析,最后确定其功能。

2. 组合逻辑电路的设计就是按照具体逻辑命题设计出最简单的组合电路。设计组合逻辑电路的一般步骤与上面相反,方法如下:

(1) 分析给定的实际逻辑问题的因果关系,确定输入和输出变量,进行逻辑状态赋值;

(2) 根据给定的因果关系,列出真值表;

(3) 用卡诺图或代数化简法求出最简的逻辑表达式;

(4) 根据表达式,画出逻辑电路图,用标准器件构成电路;

(5) 用实验来验证设计的正确性。

组合逻辑电路的设计流程如图 3.2.1 所示。

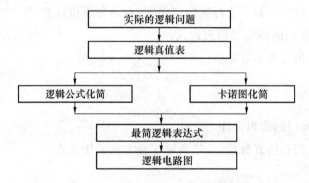

图 3.2.1 组合逻辑电路的设计流程

四、计算机仿真实验内容

(1) 单击电子仿真软件 Multisim 2001 基本界面左侧工具条的"TTL"按钮,从弹出的对话框中选取一个 74LS00D 和 74LS20D,将它们放置在电子平台上,如图 3.2.2 所示。

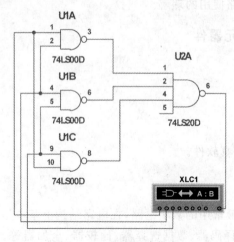

图 3.2.2 组合电路仿真

（2）单击基本界面右侧虚拟仪器工具条"Logic Converter"（逻辑转换仪）按钮，放置在电子平台上，其中左侧的 8 个点用来连接输入量，最右侧的 1 个点用来连接输出量。

（3）将所有元件和仪器连成仿真电路，如图 3.2.2 所示。

（4）双击"Logic Converter"图标"XLC1"，将出现它的放大面板，单击上侧的 A、B、C 点，使之由灰色变为白色，这样就设置了输入量。

（5）打开仿真开关，单击"Logic Converter"右侧的第 1 个按钮，将逻辑电路转换为真值表，如图 3.2.3 所示。在表框的右侧框中会显示出真值表对应的结果。

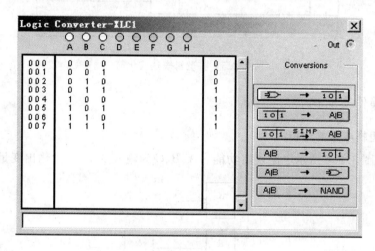

图 3.2.3　将逻辑电路转换为真值表

（6）单击右侧的第 2 个按钮，如图 3.2.4 所示，将真值表转换为逻辑表达式。

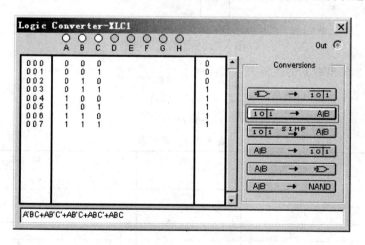

图 3.2.4　将真值表转换为逻辑表达式

（7）单击右侧的第 3 个按钮，将逻辑表达式化简，如图 3.2.5 所示。最终得到了该组合电路的逻辑表达式

$$F=BC+A$$

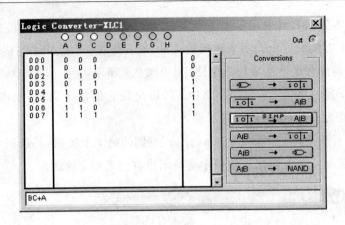

图 3.2.5 将逻辑表达式化简

五、实验室操作实验内容

1. 组合逻辑电路的分析

（1）测试图 3.2.6 所示电路逻辑功能。A、B、C 为输入变量，F 为输出变量。

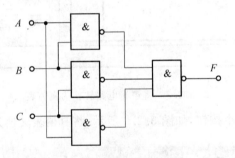

图 3.2.6 组合逻辑电路

1）由图写出输出端 F 的逻辑表达式：$F=$ _____。

2）对逻辑表达式进行化简：$F=$ _____。

3）按 F 的最简表达式列出真值表，填入表 3.2.1 中。

表 3.2.1 真值表

输　入			输出 F	
			理论值	实验值
A	B	C	F	F
0	0	0		
0	0	1		
0	1	0		
0	1	1		
1	0	0		
1	0	1		
1	1	0		
1	1	1		

4）根据真值表确定此电路的功能为_____。

5）按图 3.2.6 在实验箱上连接电路，A、B、C 接实验箱的逻辑电平开关，F 接发光二极管。按表 3.2.1 改变输入端的逻辑状态，将实测结果填入表 3.2.1 中。比较实测值和理论值是否一致。

2. 组合逻辑电路的设计

（1）设计一个交通报警控制系统

用与非门设计一个交通报警控制电路。交通信号灯有红、绿、黄 3 种，当 3 种灯分别单独工作或黄、绿灯同时工作时属正常情况，其他情况均属故障。出现故障时输出报警信号。分析过程如下。

1）分析问题，确定输入、输出变量。

设红、绿、黄灯为控制电路的输入，分别用 A、B、C 表示，灯亮时其值为 1，灯灭时其值为 0；输出报警信号用 F 表示，灯正常工作时其值为 0，灯出现故障时其值为 1。F 即为控制电路的输出信号。

2）根据以上分析列出真值表，见表 3.2.2。

表 3.2.2　真值表

A	B	C	F	A	B	C	F
0	0	0	1	1	0	0	0
0	0	1	0	1	0	1	1
0	1	0	0	1	1	0	1
0	1	1	0	1	1	1	1

3）由真值表写出函数表达式：$F=$_____。

4）化简后得到最简表达式：$F=$_____。

5）根据表达式画出电路图。

6）按电路图在实验箱连线，测试逻辑功能。

（2）设计一个火灾报警控制系统

要求该系统设有烟感、温感和紫外光感三种类型的火灾报警器。为防止误报，只有当其中两种或两种以上类型的探测器发出火灾信号时，报警系统才产生报警控制信号。分析过程如下。

1）各探测器发生的探测信号只有两种情况：一种是高电平，表示有火灾；一种是低电平，表示无火灾。报警控制信号也只有两种可能：一种是高电平，表示有火灾报警；一种是低电平，表示无火灾报警。可将烟感、温感和紫外光感三种探测器发出的信号，作为报警电路的输入，分别用 A、B、C 表示；将报警控制信号作为报警电路的输出，用 F 表示。

根据以上分析列出真值表，见表 3.2.3。

表 3.2.3 真值表

A	B	C	F	A	B	C	F
0	0	0		1	0	0	
0	0	1		1	0	1	
0	1	0		1	1	0	
0	1	1		1	1	1	

2）由真值表写出函数表达式：$F=$ _____。

3）化简后得到最简表达式：$F=$ _____。

4）根据表达式画出电路图。

5）按电路图在实验箱连线，测试逻辑功能。

六、实验报告要求

1. 写出各实验的设计过程，画出电路图。

2. 分析实验中出现的问题。

七、思考题

1. 逻辑表达式的化简方法有哪几种？

2. 总结组合电路的分析和设计方法。

实验三　半加器、全加器

一、实验目的

1. 熟悉用门电路构成半加器、全加器的方法及功能测量方法。

2. 掌握半加器、全加器功能。

3. 了解二进制数的运算规律。

二、预习内容

1. 与非门、异或门的逻辑功能、逻辑图形符号、逻辑表达式和真值表。

2. 二进制数的运算规则。

3. 与非门、异或门集成电路芯片引脚排列图。

三、实验仪器、设备及元器件

1. 数字电路实验箱、万用表和连接线等。

2. 器件：2 输入端 4 与非门 74LS00、2 输入 4 异或门 74LS86、4 位二进制全加器 74LS283 各 1 片，如图 3.3.1 所示。

3. Multisim 2001 仿真软件。

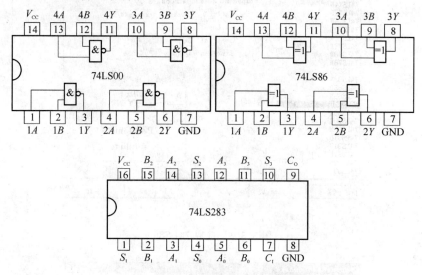

图 3.3.1　集成电路芯片引脚排列图

四、计算机仿真实验内容

1. 半加器功能测试

（1）单击电子仿真软件 Multisim 2001 基本界面左侧左列真实元件工具条的"TTL"按钮，从弹出的对话框"Family"栏选取"74LS"，再在"Component"栏分别选取：2 输入端 4 与非门 74LS00、2 输入 4 异或门 74LS86、4 位二进制全加器 74LS283，如图 3.3.2～3.3.4 所示。单击左下角"OK"按钮，将芯片放置在电子平台上。

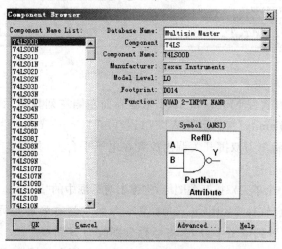

图 3.3.2　选取 74LS00

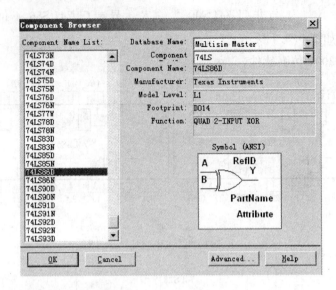

图 3.3.3　选取 74LS86

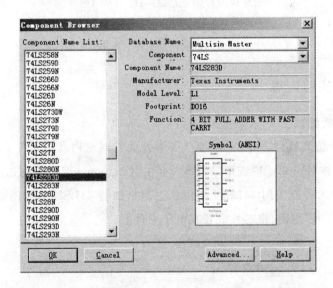

图 3.3.4　选取 74LS283

　　（2）单击电子仿真软件 Multisim 2001 基本界面左侧左列真实元件工具条的"Basic"按钮,从弹出的对话框"Family"栏选取"SWITCH",再在"Component"栏选取"SPDT",最后单击左下角"OK"按钮,将单刀双掷开关调出放置在电子平台上,共需 2 个,根据需要将器件进行水平和垂直旋转。

　　（3）分别双击每一个单刀双掷开关图标,将弹出对话框中的"Key for Switch"栏设置成 A、B。

　　（4）单击电子仿真软件 Multisim 2001 基本界面左侧右列虚拟元件工具条,从中调出 2 盏指示灯,将它们放置到电子平台上,将标号分别改为 S 和 C。

　　（5）单击电子仿真软件 Multisim 2001 基本界面左侧左列真实元件工具条的"Source"按钮,从弹出的对话框中调出 V_{CC} 电源和地线,将它们放置到电子平台上。

（6）将仿真电路连接好，如图 3.3.5 所示。

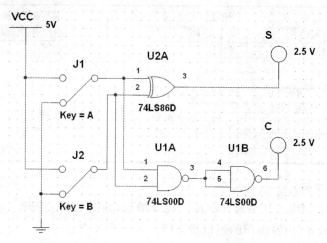

图 3.3.5　半加器仿真电路

（7）打开仿真开关，根据半加器的工作原理，按表 3.3.1 要求，设置和按下相关单刀双掷开关，将仿真结果填入表 3.3.1 中，验证半加器的真值表是否与理论相符。

表 3.3.1　半加器功能测试记录表

输入		输出		实验数据分析
A	B	S	C	实验结论（亮、灭、表达式）
0	0			
0	1			
1	0			
1	1			

2. 全加器功能测试

在半加器的基础上添加 1 个 2 输入与非门 74LS00 和 2 输入异或门 74LS86，按照图 3.3.6 构建全加器并进行仿真，完成表 3.3.2。

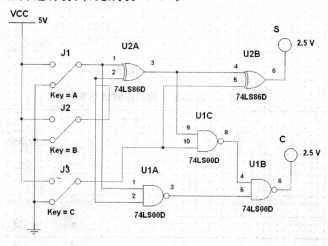

图 3.3.6　全加器仿真电路

表 3.3.2　全加器功能测试记录表

输入			输出		实验数据分析
A_i	B_i	C_{i-1}	S_i	C_i	实验结论(亮、灭、表达式)
0	0	0			
0	0	1			
0	1	0			
0	1	1			
1	0	0			
1	0	1			
1	1	0			
1	1	1			

3. 加法器的应用

给 74LS283 添加输入开关量和输出二极管指示，如图 3.3.7 所示。将逻辑电平开关按表 3.3.3 置位，分别测出输出端的逻辑状态填入表 3.3.3 中。

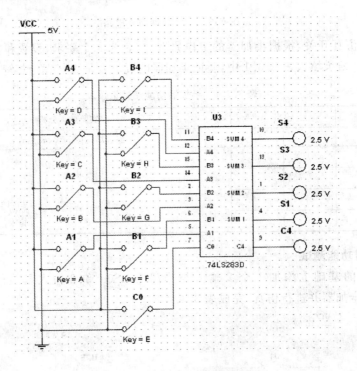

图 3.3.7　加法器的应用仿真电路

表 3.3.3　加法器应用电路测试记录表

输入									输出					实验数据分析
A_4	A_3	A_2	A_1	B_4	B_3	B_2	B_1	C_0	S_4	S_3	S_2	S_1	C_4	实验结论(二进制运算规则等)
1	0	1	0	0	1	0	1	0						
1	0	1	0	0	1	0	1	1						
1	1	1	1	1	1	1	1	0						
1	1	1	1	1	1	1	1	1						

五、实验室操作实验内容

1. 注意事项

（1）把芯片插在数字实验箱上并特别注意芯片缺口标记位置及引脚数。

（2）芯片 7(8) 脚、14(16) 脚的功能。

（3）芯片输入端、输出端如何与实验箱连接。

（4）用万用表测量连接线的电阻应为零。

（5）实验中改动连接线必须先断开电源，接好线后再通电实验。

2. 熟悉实验设备及器件

（1）熟悉数字电路实验箱结构及使用方法，特别是电源开关、逻辑电平（高电平、低电平）开关、发光二极管显示部分等。

（2）熟悉芯片引脚排列图，本实验中使用的 TTL 集成门电路是双列直插型集成电路，管脚识别方法是：将 TTL 集成门电路正面（印有集成门电路型号标记）正对自己，有缺口或有圆点的一端置向左方，左下方第一管脚为管脚 1，按逆时针方向数，依次为 1，2，3，…，如图 3.3.1 所示。

（3）TTL 门电路工作电压 $V_{CC}=5\times(1\pm10\%)\mathrm{V}$。

3. 半加器功能测试

按图 3.3.8 所示电路连线，两个输入端 A（被加数）、B（加数）接电平开关（K1～K16 中任意 2 个），输出端 S（和数）、C（进位数）接电平指示灯（发光二极管 L1～L16 中任意 2 个）。将电平开关按表 3.3.4 置位，分别测出输出端的状态，填入表 3.3.4 中。

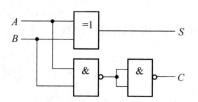

图 3.3.8　异或门和与非门构成的半加器逻辑电路

表 3.3.4　半加器功能测试记录表

输入		输出		实验数据分析
A	B	S	C	实验结论（亮、灭、表达式）
0	0			
0	1			
1	0			
1	1			

4. 全加器功能测试

按图 3.3.9 所示电路连线，两个输入端 A_i（被加数）、B_i（加数）、C_{i-1}（相邻低位的进位）接电平开关，输出端 S_i（本位和数）、C_i（本位向相邻高位的进位）接电平指示灯。将电平开关按表 3.3.5 置位,分别测出输出端的逻辑状态填入表 3.3.5 中。

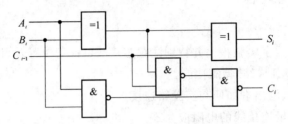

图 3.3.9　全加器逻辑电路

表 3.3.5　全加器功能测试记录表

输入			输出		实验数据分析
A_i	B_i	C_{i-1}	S_i	C_i	实验结论(亮、灭、表达式)
0	0	0			
0	0	1			
0	1	0			
0	1	1			
1	0	0			
1	0	1			
1	1	0			
1	1	1			

5. 加法器的应用

由 4 位二进制全加器 74LS283 构成的应用电路如图 3.3.10 所示。已知被加数 A、加数 B,求和数 S。

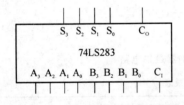

图 3.3.10　加法器应用电路(框图)

按图 3.3.10 所示电路连线,输入端 A_3、A_2、A_1、A_0、B_3、B_2、B_1、B_0、C_I(本片的进位输入)接逻辑电平开关,输出端 S_3、S_2、S_1、S_0、C_O(本片的进位输出)接逻辑电平指示灯。

将逻辑电平开关按表 3.3.6 置位,分别测出输出端的逻辑状态填入表 3.3.6 中。

表 3.3.6　加法器应用电路测试记录表

输入									输出					实验数据分析
A_3	A_2	A_1	A_0	B_3	B_2	B_1	B_0	C_I	S_3	S_2	S_1	S_0	C_O	实验结论(二进制运算规则等)
1	0	1	0	0	1	0	1	0						
1	0	1	0	0	1	0	1	1						
1	1	1	1	1	1	1	0							
1	1	1	1	1	1	1	1							

六、实验报告

1. 画出集成电路芯片引脚排列图、半加器和全加器逻辑电路图。
2. 画出加法器应用电路(框图)。
3. 画出表格,并将测试记录填入表 3.3.4、表 3.3.5、表 3.3.6 中。
4. 简述实验结论。

七、思考题

1. 半加器与全加器有何区别。
2. 二进制数的算术运算规则。
3. 算术加法运算与逻辑加法运算有何区别。

实验四 数据选择器及其应用

一、实验目的

1. 验证数据选择器逻辑功能,掌握逻辑功能的测试方法。
2. 掌握译码器的典型应用电路。
3. 熟悉数字电路实验箱及万用表的使用方法。

二、预习内容

1. 数据选择器逻辑功能。
2. 数据选择器的典型应用电路。
3. 集成电路芯片引脚排列图。

三、实验仪器、设备及元器件

1. 数字电路实验箱、万用表。
2. 器件:双 4 选 1 数据选择器 74LS153、8 选 1 数据选择器 74LS151 各 1 片,如图 3.4.1所示。

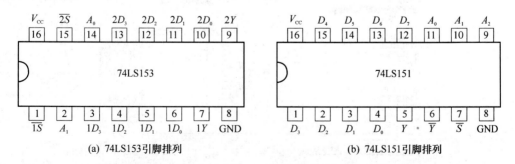

图 3.4.1 集成电路芯片引脚排列图

3. Multisim 2001 仿真软件。

四、计算机仿真实验内容

（1）单击电子仿真软件 Multisim 2001 基本界面左侧左列真实元件工具条的"TTL"按钮，从弹出的对话框"Family"栏选取"74LS"，再在"Component"栏分别选取：双4选1数据选择器 74LS153、8选1数据选择器 74LS151，如图 3.4.2、图 3.4.3 所示。单击左下角"OK"按钮，将芯片放置在电子平台上。

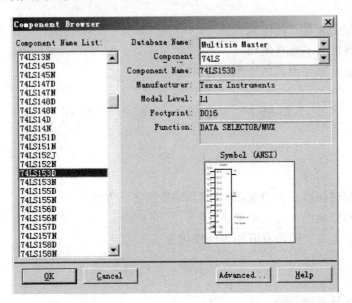

图 3.4.2 选取 74LS153

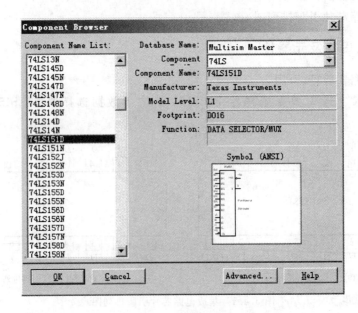

图 3.4.3 选取 74LS151

（2）单击电子仿真软件 Multisim 2001 基本界面左侧左列真实元件工具条的"Basic"按钮，从弹出的对话框"Family"栏选取"SWITCH"，再在"Component"栏选取"SPDT"，最后单击左下角"OK"按钮，将单刀双掷开关调出放置在电子平台上，根据需要将器件进行水平和垂直旋转。

（3）分别双击每一个单刀双掷开关图标，将弹出对话框中的"Key for Switch"栏分别顺序设置成 A，B，C，…。

（4）单击电子仿真软件 Multisim 2001 基本界面左侧右列虚拟元件工具条，从中调出 LED 指示灯，将它们放置到电子平台上。

（5）单击电子仿真软件 Multisim 2001 基本界面左侧左列真实元件工具条的"Source"按钮，从弹出的对话框中调出 V_{CC} 电源和地线，将它们放置到电子平台上。

（6）将仿真电路连接好，如图 3.4.4 和图 3.4.5 所示。

（7）74LS153 逻辑功能测试。

打开仿真开关，将电平开关按表 3.4.1 置位，分别测出输出端 $1Y$ 的逻辑状态填入表中。

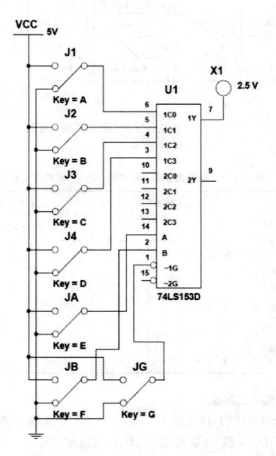

图 3.4.4　数据选择器 74LS153 仿真电路

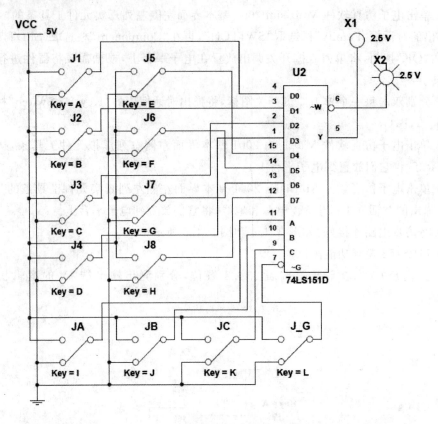

图 3.4.5　数据选择器 74LS151 仿真电路

表 3.4.1　数据选择器 74LS153 逻辑功能测试记录表

输入							输出	实验数据分析
1C3	1C2	1C1	1C0	A	B	~1G	1Y	实验结论(亮、灭、表达式)
×	×	×	×	×	×	1		
0	0	0	1	0	0	0		
0	0	1	0	0	1	0		
0	1	0	0	1	0	0		
1	0	0	0	1	1	0		

(8) 74LS151 逻辑功能测试。

按图 3.4.5 所示电路连线,输入端 $D_7 \sim D_0$、A、B、C、$\sim G$ 接逻辑电平开关,输出端 Y 和 $\sim W$ 接电平指示灯。$D_7 \sim D_0$ 为数据端,A、B、C 为地址选择端,$\sim G$ 为使能端。将电平开关按表 3.4.2 置位,分别测试数据选择器输出端 Y 和 $\sim W$ 的逻辑状态填入表 3.4.2 中。

表 3.4.2　数据选择器 74LS151 逻辑功能测试记录表

输入												输出	实验数据分析
D_7	D_6	D_5	D_4	D_3	D_2	D_1	D_0	C	B	A	$\overline{S}$	$Y\quad \sim W$	实验结论(亮、灭、表达式)
×	×	×	×	×	×	×	×	×	×	×	1		
0	0	0	0	0	0	0	1	0	0	0	0		
0	0	0	0	0	0	1	0	0	0	1	0		
0	0	0	0	0	1	0	0	0	1	0	0		
0	0	0	0	1	0	0	0	0	1	1	0		
0	0	0	1	0	0	0	0	1	0	0	0		
0	0	1	0	0	0	0	0	1	0	1	0		
0	1	0	0	0	0	0	0	1	1	0	0		
1	0	0	0	0	0	0	0	1	1	1	0		

注:确定输出与输入的逻辑函数关系表达式。

五、实验室操作实验内容

1. 注意事项

(1) 把芯片插在数字实验箱上并特别注意芯片缺口标记位置及引脚数。

(2) 芯片 8 脚、16 脚的功能。

(3) 芯片输入端、输出端如何与实验箱连接。

(4) 实验中改动连接线必须先断开电源,接好线后再通电实验。

2. 熟悉实验设备及器件

(1) 熟悉数字电路实验箱结构及使用方法,特别是电源开关、逻辑电平(高电平、低电平)开关、发光二极管显示部分等。

(2) 熟悉芯片引脚排列图,本实验中使用的 TTL 集成门电路是双列直插型集成电路,如图 3.4.1 所示。

(3) TTL 门电路工作电压 $V_{CC} = 5 \times (1 \pm 10\%)\text{V}$。

3. 数据选择器功能测试

(1) 74LS153 逻辑功能测试

按图 3.4.6(a)所示电路连线,输入端 D_3、D_2、D_1、D_0、A_1、A_0、$\overline{S}$ 接逻辑电平开关,输出端 Y 接电平指示灯。D_3、D_2、D_1、D_0 为数据端,A_1、A_0 为地址端,$\overline{S}$ 为使能端。将电平开关按表 3.4.3 置位,分别测出输出端 Y 的逻辑状态填入表中。

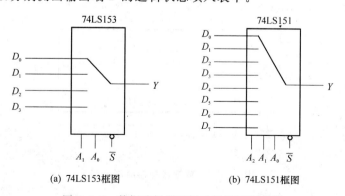

(a) 74LS153框图　　　　　(b) 74LS151框图

图 3.4.6　数据选择器逻辑功能测试接线图

表 3.4.3　数据选择器 74LS153 逻辑功能测试记录表

输入							输出		实验数据分析
D_3	D_2	D_1	D_0	A_1	A_0	$\overline{S}$	Y	☞	实验结论(亮、灭、表达式)
×	×	×	×	×	×	1			
0	0	0	1	0	0	0			
0	0	1	0	0	1	0			
0	1	0	0	1	0	0			
1	0	0	0	1	1	0			

(2) 74LS151 逻辑功能测试

按图 3.4.6(b)所示电路连线,输入端 $D_7 \sim D_0$、A_2、A_1、A_0、$\overline{S}$ 接逻辑电平开关,输出端 Y 接电平指示灯。$D_7 \sim D_0$ 为数据端,A_2、A_1、A_0 为地址选择端,$\overline{S}$ 为使能端。将电平开关按表 3.4.4 置位,分别测试数据选择器输出端 Y 的逻辑状态填入表 3.4.2 中。

表 3.4.4　数据选择器 74LS151 逻辑功能测试记录表

输入												输出		实验数据分析
D_7	D_6	D_5	D_4	D_3	D_2	D_1	D_0	A_2	A_1	A_0	$\overline{S}$	Y	$\overline{Y}$	实验结论(亮、灭、表达式)
×	×	×	×	×	×	×	×	×	×	×	1			
0	0	0	0	0	0	0	1	0	0	0	0			
0	0	0	0	0	0	1	0	0	0	1	0			
0	0	0	0	0	1	0	0	0	1	0	0			
1	0	0	0	1	0	0	0	0	1	1	0			
0	0	0	1	0	0	0	0	1	0	0	0			
0	0	1	0	0	0	0	0	1	0	1	0			
0	1	0	0	0	0	0	0	1	1	0	0			
1	0	0	0	0	0	0	0	1	1	1	0			

注:确定输出与输入的逻辑函数关系表达式。

4. 数据选择器 74LS151 的应用

用 8 选 1 数据选择器 74LS151 组成的电路如图 3.4.7 所示。通过实验确定输出端 Y 与输入端变量 A、B、C 的函数关系。

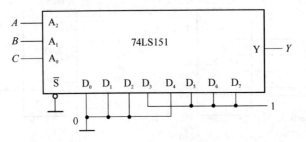

图 3.4.7　数据选择器应用电路

按图 3.4.7 所示电路连线，数据输入端 D_0、D_1、D_2、D_4 接低电平，D_3、D_5、D_6、D_7 接高电平，使能端 $\overline{S}$ 接低电平，地址选择端 A_2、A_1、A_0 接逻辑电平开关，输出端 Y 接电平指示灯。

将 A_2、A_1、A_0 电平开关按表 3.4.5 置位，分别测试数据选择器输出端 Y 的逻辑状态填入表 3.4.5 中。

表 3.4.5　数据选择器应用电路测试记录表

输入												输出	实验数据分析
D_7	D_6	D_5	D_4	D_3	D_2	D_1	D_0	A	B	C	$\overline{S}$	Y	实验结论（亮、灭、表达式）
1	1	1	0	1	0	0	0	0	0	0	0		
1	1	1	0	1	0	0	0	0	0	1	0		
1	1	1	0	1	0	0	0	0	1	0	0		
1	1	1	0	1	0	0	0	0	1	1	0		
1	1	1	0	1	0	0	0	1	0	0	0		
1	1	1	0	1	0	0	0	1	0	1	0		
1	1	1	0	1	0	0	0	1	1	0	0		
1	1	1	0	1	0	0	0	1	1	1	0		

注：确定输出与输入的逻辑函数关系表达式。

六、实验报告

1. 画出集成电路芯片引脚排列图及实验电路图。
2. 画出表格，并将测试记录填入表 3.4.3、表 3.4.4、表 3.4.5 中。
3. 简述实验结论。

七、思考题

1. 数据选择器的逻辑功能。
2. 数据选择器 74LS151、74LS153 使能端 $\overline{S}$ 的作用。
3. 数据选择器的应用。

实验五　编码器、译码器及其应用

一、实验目的

1. 验证编码器、译码器逻辑功能，掌握逻辑功能的测试方法。
2. 掌握译码器的典型应用电路。
3. 熟悉数字电路实验箱及万用表的使用方法。

二、预习内容

1. 译码器、编码器的逻辑功能。

2. 译码器的典型应用电路。

3. 集成电路芯片引脚排列图。

三、实验仪器、设备及元器件

1. 数字电路实验箱、万用表。

2. 集成器件 8 线-3 线优先编码器 74LS148、3 线-8 线译码器 74LS138 各 1 片，如图 3.5.1所示。

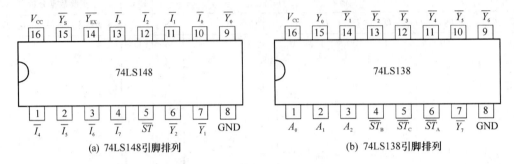

图 3.5.1　集成电路芯片引脚排列图

3. Multisim 2001 仿真软件。

四、计算机仿真实验内容

（1）单击电子仿真软件 Multisim 2001 基本界面左侧左列真实元件工具条的"TTL"按钮，从弹出的对话框"Family"栏选取"74LS"，再在"Component"栏分别选取 8 线-3 线优先编码器 74LS148、3 线-8 线译码器 74LS138，如图 3.5.2 和图 3.5.3 所示。单击左下角"OK"按钮，将芯片放置在电子平台上。

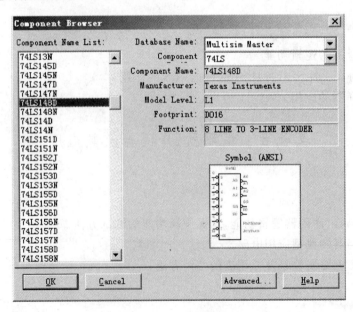

图 3.5.2　选取 74LS148

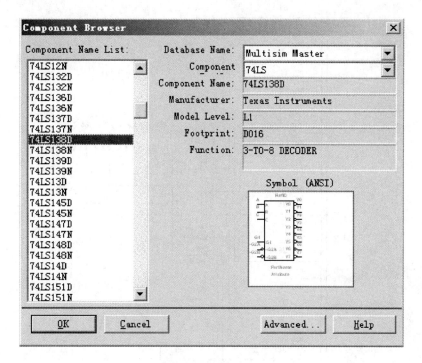

图 3.5.3　选取 74LS138

（2）单击电子仿真软件 Multisim 2001 基本界面左侧左列真实元件工具条的"Basic"按钮，从弹出的对话框"Family"栏选取"SWITCH"，再在"Component"栏选取"SPDT"，最后单击左下角"OK"按钮，将单刀双掷开关调出放置在电子平台上，根据需要将器件进行水平和垂直旋转。

（3）分别双击每一个单刀双掷开关图标，将弹出对话框中的"Key for Switch"栏分别顺序设置成 A，B，C，…。

（4）单击电子仿真软件 Multisim 2001 基本界面左侧右列虚拟元件工具条，从中调出 LED 指示灯，将它们放置到电子平台上。

（5）单击电子仿真软件 Multisim 2001 基本界面左侧左列真实元件工具条的"Source"按钮，从弹出的对话框中调出 V_{CC} 电源和地线，将它们放置到电子平台上。

（6）将仿真电路连接好，如图 3.5.4 和图 3.5.5 所示。

（7）74LS148 逻辑功能测试。

打开仿真开关，将电平开关按表 3.5.1 置位，分别测出输出端的逻辑状态填入表 3.5.1 中。

（8）74LS138 逻辑功能测试。

按图 3.5.5 所示电路连线，输入端接电平开关，输出端 Y 接电平指示灯。将电平开关按表 3.5.2 置位，分别测试输出端的逻辑状态填入表 3.5.2 中。

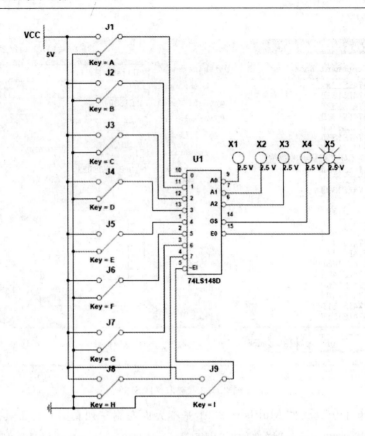

图 3.5.4　8 线-3 线优先编码器 74LS148 仿真电路

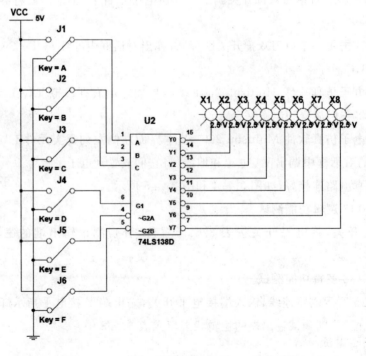

图 3.5.5　3 线-8 线译码器 74LS138 仿真电路

表 3.5.1　8线-3线编码器逻辑功能测试记录表

输　　入									输　　出				
$\sim$EI	$\bar{I}_7$	$\bar{I}_6$	$\bar{I}_5$	$\bar{I}_4$	$\bar{I}_3$	$\bar{I}_2$	$\bar{I}_1$	$\bar{I}_0$	$\bar{A}_2$	$\bar{A}_1$	$\bar{A}_0$	GS	E_0
1	×	×	×	×	×	×	×	×					
0	1	1	1	1	1	1	1	1					
0	0	×	×	×	×	×	×	×					
0	1	0	×	×	×	×	×	×					
0	1	1	0	×	×	×	×	×					
0	1	1	1	0	×	×	×	×					
0	1	1	1	1	0	×	×	×					
0	1	1	1	1	1	0	×	×					
0	1	1	1	1	1	1	0	×					
0	1	1	1	1	1	1	1	0					

表 3.5.2　3线-8线译码器逻辑功能测试记录表

输　　入				输　　出								实验数据分析
$G1$（$\sim G2A+\sim G2B$）	C	B	A	$\bar{Y}_0$	$\bar{Y}_1$	$\bar{Y}_2$	$\bar{Y}_3$	$\bar{Y}_4$	$\bar{Y}_5$	$\bar{Y}_6$	$\bar{Y}_7$	实验结论
×	1	×	×									
0	×	×	×									
1	0	0	0	0								
1	0	0	0	1								
1	0	0	1	0								
1	0	0	1	1								
1	0	1	0	0								
1	0	1	0	1								
1	0	1	1	0								
1	0	1	1	1								

五、实验室操作实验内容

1. 注意事项

（1）把芯片插在数字实验箱上并特别注意芯片缺口标记位置及引脚数。

（2）芯片 8 脚、16 脚的功能。

（3）芯片输入端、输出端如何与实验箱连接。

（4）实验中改动连接线必须先断开电源，接好线后再通电实验。

2. 熟悉实验设备及器件

（1）熟悉数字电路实验箱结构及使用方法，特别是电源开关、逻辑电平（高电平、低电平)开关、发光二极管显示部分等。

(2) 熟悉芯片引脚排列图,本实验中使用的 TTL 集成门电路是双列直插型集成电路,如图 3.5.1 所示。

(3) TTL 门电路工作电压 $V_{CC}=5\times(1\pm10\%)$V。

3. 编码器、译码器功能测试

(1) 74LS148 逻辑功能测试

按图 3.5.6(a)所示电路连线,输入端接电平开关(高电平、低电平),输出端 Y 接电平指示灯(发光二极管)。将电平开关按表 3.5.3 置位,分别测出输出端的逻辑状态填入表 3.5.3 中。

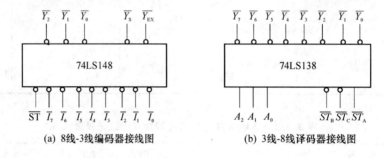

(a) 8线-3线编码器接线图   (b) 3线-8线译码器接线图

图 3.5.6   编码器、译码器逻辑功能测试接线图

表 3.5.3   8 线-3 线编码器逻辑功能测试记录表

				输　入						输　出		
$\overline{ST}$	$\overline{I_7}$	$\overline{I_6}$	$\overline{I_5}$	$\overline{I_4}$	$\overline{I_3}$	$\overline{I_2}$	$\overline{I_1}$	$\overline{I_0}$	$\overline{Y_2}$	$\overline{Y_1}$　$\overline{Y_0}$	$\overline{Y_{EX}}$	$\overline{Y_S}$
1	×	×	×	×	×	×	×	×				
0	1	1	1	1	1	1	1	1				
0	0	×	×	×	×	×	×	×				
0	1	0	×	×	×	×	×	×				
0	1	1	0	×	×	×	×	×				
0	1	1	1	0	×	×	×	×				
0	1	1	1	1	0	×	×	×				
0	1	1	1	1	1	0	×	×				
0	1	1	1	1	1	1	0	×				
0	1	1	1	1	1	1	1	0				

(2) 74LS138 逻辑功能测试

按图 3.5.6(b)所示电路连线,输入端接电平开关,输出端 Y 接电平指示灯。将电平开关按表 3.5.4 置位,分别测试输出端的逻辑状态填入表 3.5.4 中。

表 3.5.4　3 线-8 线译码器逻辑功能测试记录表

输　入					输　出								实验数据分析
ST_A	$\overline{ST_B}+\overline{ST_C}$	$\overline{A}_2$	$\overline{A}_1$	$\overline{A}_0$	$\overline{Y}_0$	$\overline{Y}_1$	$\overline{Y}_2$	$\overline{Y}_3$	$\overline{Y}_4$	$\overline{Y}_5$	$\overline{Y}_6$	$\overline{Y}_7$	实验结论
$\times$	1	$\times$	$\times$	$\times$									
0	$\times$	$\times$	$\times$	$\times$									
1	0	0	0	0									
1	0	0	0	1									
1	0	0	1	0									
1	0	0	1	1									
1	0	1	0	0									
1	0	1	0	1									
1	0	1	1	0									
1	0	1	1	1									

4. 译码器 74LS138 的应用

4 输入 2 与非门 74LS20 引脚图和实验电路分别如图 3.5.7(a)、(b)所示。按图(b)连线,A、B、C 接电平开关,Y 接电平指示。将测试的数据填入表 3.5.5 中。

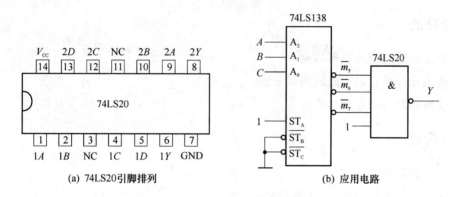

(a) 74LS20引脚排列　　　　　(b) 应用电路

图 3.5.7　译码器应用电路接线图

表 3.5.5　逻辑功能测试记录表

输入			输出	实验数据分析(Y 与 A、B、C 的关系)
A	B	C	Y	实验结论
0	0	0		
0	0	1		
0	1	0		
0	1	1		
1	0	0		
1	0	1		
1	1	0		
1	1	1		

注:确定输出与输入的逻辑函数关系表达式。

六、实验报告

1. 画出集成电路芯片引脚排列图及实验电路图。

2. 画出表格,并将测试记录填入表 3.5.3、表 3.5.4、表 3.5.5 中。

3. 简述实验结论。

七、思考题

1. 编码器、译码器的逻辑功能。

2. 编码器 74LS148 控制端 $\overline{ST}$ 的作用。

3. 译码器的应用。

4. 译码器 74LS138 控制端 ST_A、$\overline{ST_B}$、$\overline{ST_C}$ 的作用。

5. 与非门多余的输入端如何处理。

实验六 数值比较器及其应用

一、实验目的

1. 验证数值比较器逻辑功能。

2. 熟悉比较器逻辑功能的测试方法。

3. 掌握比较器的逻辑功能。

二、预习内容

1. 比较器的概念。

2. 比较器的逻辑功能(功能表)。

3. 集成电路 74LS85 芯片引脚排列图。

74LS85 芯片引脚如图 3.6.1 所示。其中,$A_3A_2A_1A_0$、$B_3B_2B_1B_0$ 是 2 个待比较的 4 位数。$I_{A<B}$、$I_{A=B}$、$I_{A>B}$ 是扩展输入端,供片连接时使用。不用时 $I_{A<B}$ 接逻辑低电平、$I_{A>B}$ 接逻辑低电平、$I_{A=B}$ 接逻辑高电平。$Y_{A<B}$、$Y_{A=B}$、$Y_{A>B}$ 是比较结果输出端。

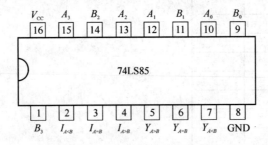

图 3.6.1 集成电路芯片引脚排列

三、实验仪器、设备及元器件

1. 数字电路实验箱、万用表。

2. 器件:4 位数值比较器 74LS85。

3. Multisim 2001 仿真软件。

四、计算机仿真实验内容

（1）单击电子仿真软件 Multisim 2001 基本界面左侧左列真实元件工具条的"TTL"按钮,从弹出的对话框"Family"栏选取"74LS",再在"Component"栏选取 4 位数值比较器 74LS85,如图 3.6.2 所示。单击左下角"OK"按钮,将芯片放置在电子平台上。

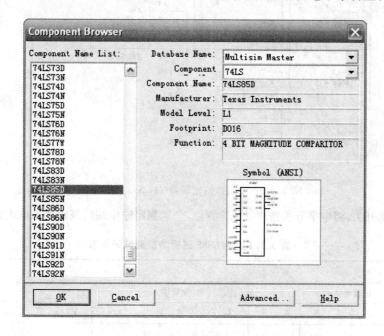

图 3.6.2　选取 74LS85

（2）单击电子仿真软件 Multisim 2001 基本界面左侧左列真实元件工具条的"Basic"按钮,从弹出的对话框"Family"栏选取"SWITCH",再在"Component"栏选取"SPDT",最后单击左下角"OK"按钮,将单刀双掷开关调出放置在电子平台上,根据需要将器件进行水平和垂直旋转。

（3）分别双击每一个单刀双掷开关图标,将弹出对话框中的"Key for Switch"栏分别顺序设置成 A,B,C,…。

（4）单击电子仿真软件 Multisim 2001 基本界面左侧右列虚拟元件工具条,从中调出 LED 指示灯,将它们放置到电子平台上。

（5）单击电子仿真软件 Multisim 2001 基本界面左侧左列真实元件工具条的"Source"按钮,从弹出的对话框中调出 V_{CC} 电源和地线,将它们放置到电子平台上。

（6）将仿真电路连接好，如图 3.6.3 所示。

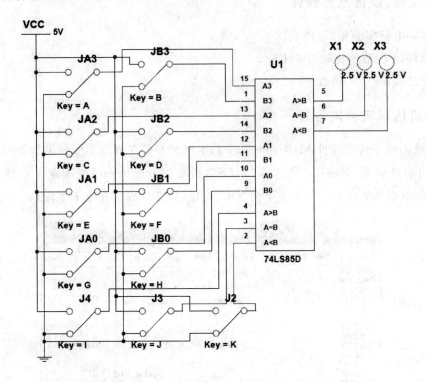

图 3.6.3　4 位数值比较器 74LS85 仿真电路

打开仿真开关，将电平开关按表 3.6.1 置位，分别测出输出端的逻辑状态填入表 3.6.1 中。

表 3.6.1　74LS85 逻辑功能测试记录表

| 输　入 | | | | | | | | | | | 输　出 | | |
| 比较输入 | | | | | | | | 级联输入 | | | | | |
A_3	B_3	A_2	B_2	A_1	B_1	A_0	B_0	$I_{A<B}$	$I_{A=B}$	$I_{A>B}$	$Y_{A<B}$	$Y_{A=B}$	$Y_{A>B}$
1	0	×	×	×	×	×	×	×	×	×			
0	0	1	0	×	×	×	×	×	×	×			
0	0	0	0	1	0	×	×	×	×	×			
0	0	0	0	0	0	1	0	×	×	×			
0	0	0	0	0	0	0	0	0	0	1			
0	0	0	0	0	0	0	0	0	1	0			
0	0	0	0	0	0	0	0	1	0	0			
0	0	0	0	0	0	0	1	×	×	×			
0	0	0	0	0	1	×	×	×	×	×			
0	0	0	1	×	×	×	×	×	×	×			
0	1	×	×	×	×	×	×	×	×	×			

注：在比较两个多位数的大小时，必须自高而低地逐位比较，而且只有在高位相等时，才需要比较低位。

五、实验室操作实验内容

1. 注意事项

（1）把芯片插在数字实验箱上并特别注意芯片缺口标记位置及引脚数。

（2）芯片 8 脚、16 脚的功能。

（3）芯片输入端、输出端如何与实验箱连接。

（4）实验中改动连接线必须先断开电源，接好线后再通电实验。

2. 熟悉实验设备及器件

（1）熟悉数字电路实验箱结构及使用方法，特别是电源开关、逻辑电平开关、发光二极管显示部分等。

（2）熟悉芯片引脚排列图，本实验中使用的 TTL 集成门电路是双列直插型集成电路，如图 3.6.1 所示。

（3）TTL 门电路工作电压 $V_{CC}=5\times(1\pm10\%)$V。

3. 数值比较器 74LS85 功能测试

按图 3.6.4 所示电路连线，输入端 A_3、A_2、A_1、A_0、B_3、B_2、B_1、B_0、$I_{A<B}$、$I_{A=B}$、$I_{A>B}$ 接逻辑电平开关，输出端 $Y_{A<B}$、$Y_{A=B}$、$Y_{A>B}$ 接电平指示灯。

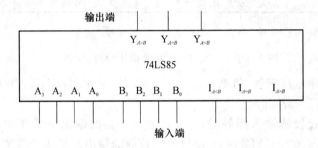

图 3.6.4　数值比较器逻辑功能测试电路接线图

$A_3A_2A_1A_0$、$B_3B_2B_1B_0$ 是 2 个待比较的 4 位数。

$I_{A<B}$、$I_{A=B}$、$I_{A>B}$ 是扩展输入端，供片连接时使用。不用时 $I_{A<B}$ 接逻辑低电平、$I_{A>B}$ 接逻辑低电平、$I_{A=B}$ 接逻辑高电平。

$Y_{A<B}$、$Y_{A=B}$、$Y_{A>B}$ 是比较结果输出端。

将电平开关按表 3.6.2 置位，分别测出输出端的逻辑状态填入表 3.6.2 中。

表 3.6.2　74LS85 逻辑功能测试记录表

输　入											输　出		
比较输入								级联输入					
A_3	B_3	A_2	B_2	A_1	B_1	A_0	B_0	$I_{A<B}$	$I_{A=B}$	$I_{A>B}$	$Y_{A<B}$	$Y_{A=B}$	$Y_{A>B}$
1	0	×	×	×	×	×	×	×	×	×			
1	0	1	0	×	×	×	×	×	×	×			
0	0	0	0	1	0	×	×	×	×	×			
1	0	0	0	0	0	1	0	×	×	×			

| 输 入 | | | | | | | | | | 输 出 | | |
| 比较输入 | | | | | | | | 级联输入 | | | 输 出 | | |
A_3	B_3	A_2	B_2	A_1	B_1	A_0	B_0	$I_{A<B}$	$I_{A=B}$	$I_{A>B}$	$Y_{A<B}$	$Y_{A=B}$	$Y_{A>B}$
1	0	0	0	0	0	0	0	0	0	1			
0	0	0	0	0	0	0	0	0	1	0			
1	0	0	0	0	0	0	0	1	0	0			
0	0	0	0	1	0	1	1	×	×	×			
0	0	0	0	0	1	×	×	×	×	×			
0	0	1	1	×	×	×	×	×	×	×			
0	1	×	×	×	×	×	×		×				

注:在比较两个多位数的大小时,必须自高而低地逐位比较,而且只有在高位相等时,才需要比较低位。

4. 数值比较器 74LS85 的应用

利用 2 片 4 位数值比较器 74LS85 构成的 8 位数值比较器如图 3.6.5 所示。

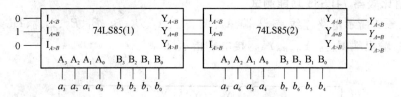

图 3.6.5 串联方式扩展数值比较器应用电路

按图 3.6.5 所示电路连线,将低位芯片的输出($Y_{A<B}$、$Y_{A=B}$、$Y_{A>B}$)作为高位数值比较器的级联输入($I_{A<B}$、$I_{A=B}$、$I_{A>B}$)。

当高 4 位数值比较器输入相等时,8 位数值比较器的输出由低 4 位数值比较器确定。当高 4 位数值比较器输入不相等时,8 位数值比较器的输出与低 4 位数值比较器无关。

已知:$A=1111\ 1011$,$B=1111\ 1010$,试比较 A、B 的大小。

将电平开关按表 3.6.3 置位,分别测出输出端的逻辑状态填入表 3.6.3 中。

表 3.6.3　74LS85 应用电路测试记录表

| 输 入 | | | | | | | | | | | 输 出 | | |
| 比较输入(芯片1) | | | | | | | | 级联输入(芯片2) | | | 输 出 | | |
A_3	A_2	A_1	A_0	B_3	B_2	B_1	B_0	$I_{A<B}$	$I_{A=B}$	$I_{A>B}$	$Y_{A<B}$	$Y_{A=B}$	$Y_{A>B}$
1	0	1	1	1	0	1	0						

已知:$A=a_7a_6a_5a_4a_3a_2a_1a_0$,$B=b_7b_6b_5b_4b_3b_2b_1b_0$,试比较 A、B 的大小。

将电平开关按表 3.6.4 置位,分别测出输出端的逻辑状态填入表 3.6.4 中。

表 3.6.4　74LS85 应用电路测试记录表

| 比较输入 | | | | | | | | | | | | | | | | 输 出 | | |
a_7	a_6	a_5	a_4	a_3	a_2	a_1	a_0	b_7	b_6	b_5	b_4	b_3	b_2	b_1	b_0	$Y_{A<B}$	$Y_{A=B}$	$Y_{A>B}$
1	0	1	1	1	0	0	1	1	1	0	1	1	1	0	1			
1	0	0	0	0	0	0	0	1	0	0	0	1	0	0	0			
1	1	1	1	0	0	1	0	1	0	0	0	0	0	1	0			

六、实验报告

1. 画出集成电路芯片引脚排列图及实验电路图。
2. 画出表格,并将测试记录填入表 3.6.2、表 3.6.3、表 3.6.4 中。
3. 简述实验结论。

七、思考题

1. 两个 4 位数使用 74LS85 进行比较时,应该从高位还是低位开始比较?
2. 用 74LS85 构建 8 位数值器时,芯片该如何级联?

实验七　触发器及其应用

一、实验目的

1. 验证触发器逻辑功能,掌握逻辑功能的测试方法。
2. 掌握触发器功能转换电路。
3. 掌握触发器的逻辑功能。
4. 熟悉触发器的应用。

二、预习内容

1. 基本 RS、D、JK、T 及 T' 触发器的逻辑功能(特性表、特性方程)。
2. 不同触发器逻辑功能的转换方法。
3. 集成电路芯片引脚排列图。

三、实验仪器、设备及元器件

1. 数字电路实验箱、万用表。
2. 集成器件上升沿触发双 D 触发器 74LS74、下降沿触发双 JK 触发器 74LS112 各 1 片,如图 3.7.1 所示。

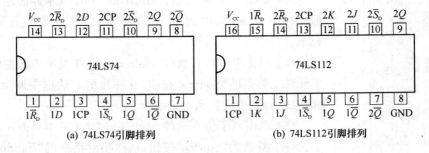

(a) 74LS74引脚排列　　(b) 74LS112引脚排列

图 3.7.1　集成电路芯片引脚排列图

3. Multisim 2001 仿真软件。

四、计算机仿真实验内容

1. 上升沿触发双 D 触发器 74LS74 逻辑功能测试

(1) 单击电子仿真软件 Multisim 2001 基本界面左侧左列真实元件工具条的"TTL"按钮,从弹出的对话框"Family"栏选取"74LS",再在"Component"栏选取上升沿触发双 D 触发器 74LS74,如图 3.7.2 所示。单击左下角"OK"按钮,将芯片放置在电子平台上。

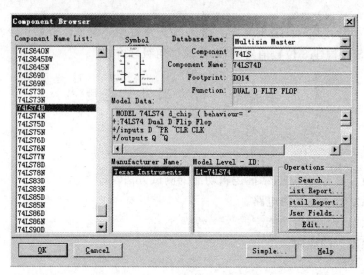

图 3.7.2   选取 74LS74

(2) 单击电子仿真软件 Multisim 2001 基本界面左侧左列真实元件工具条的"Basic"按钮,从弹出的对话框"Family"栏选取"SWITCH",再在"Component"栏选取"SPDT",最后单击左下角"OK"按钮,将单刀双掷开关调出放置在电子平台上,根据需要将器件进行水平和垂直旋转。

(3) 分别双击每一个单刀双掷开关图标,将弹出对话框中的"Key for Switch"栏分别顺序设置成 A,B,C,…。

(4) 单击电子仿真软件 Multisim 2001 基本界面左侧右列虚拟元件工具条,从中调出 LED 指示灯,将它们放置到电子平台上。

(5) 单击电子仿真软件 Multisim 2001 基本界面左侧左列真实元件工具条的"Source"按钮,从弹出的对话框中调出 V_{CC} 电源和地线,将它们放置到电子平台上。

(6) 单击电子仿真软件 Multisim 2001 基本界面左侧左列真实元件工具条的"Source"按钮,从弹出对话框的"Family"栏选取"CLOCK_SOURCE",如图 3.7.3 箭头所示,将脉冲信号源调入电子平台。

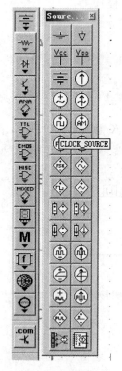

图 3.7.3   选取时钟源

(7) 双击脉冲信号源图标,在弹出对话框中的"Frequency"

右侧输入"100"并单击右边下拉箭头,选取"Hz",最后单击对话框下方的"确定"按钮退出,如图 3.7.4 所示。

(8) 将所有调出元件整理并连成仿真电路。从基本界面右侧虚拟仪器工具条中调出双踪示波器,并将它的 A 通道接到 74LS74 的输出端 $1Q$,将 B 通道接到时钟信号的输入端,如图 3.7.5 所示。

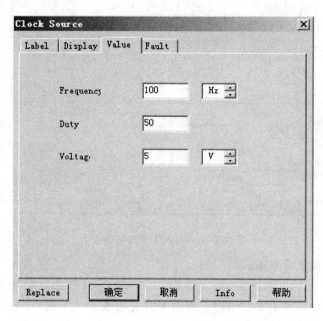

图 3.7.4　设置时钟频率

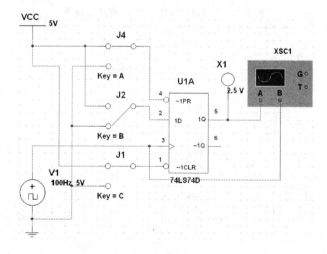

图 3.7.5　74LS74 仿真电路

(9) 打开仿真开关,双击虚拟示波器图标,将从弹出的放大面板上看到 B 通道是输入的 100 Hz 方波信号,快速拨动连接到 74LS74 的时钟脚 J2,可看到连接输出端 $1Q$ 的 A 通道输出相应的高低电平信号。可看到 $1Q$ 信号是在时钟信号的上升沿发声变化的。如图 3.7.6 所示。

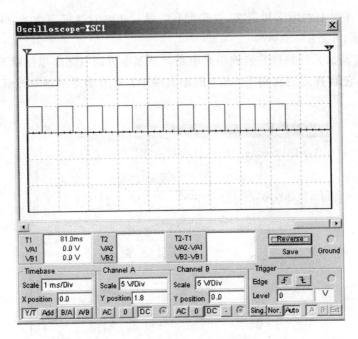

图 3.7.6　74LS74 仿真电路波形

（10）74LS74 逻辑功能测试

按图 3.7.1(a)所示电路连线，输入端 D、～1CLR、～1PR 接电平开关，CP 接实验箱单脉冲源；输出端 Q、～Q 接电平指示灯。将电平开关按表 3.7.1 置位，分别测出输出端的逻辑状态填入表 3.7.1 中。

表 3.7.1　74LS74 逻辑功能测试记录表

时钟	输入				输出	功能说明
CP	～1CLR	～1PR	D	Q^n	Q^{n+1}	
×	0	1	×	×		
×	1	0	×	×		
×	0	0	×	×		
↑	1	1	0	0		
↑	1	1	0	1		
↑	1	1	1	0		
↑	1	1	1	1		
0	1	1	×	0		
0	1	1	×	1		

注：确定 CP 上升沿有效，还是 CP 下降沿有效。

2. 下降沿触发双 JK 触发器 74LS112

（1）异步置位 PR（即 $\overline{S}_D$）及异步复位 CLR（即 $\overline{R}_D$）功能的测试

① 从电子仿真软件 Multisim 2001 基本界面左侧左列真实元件工具条的"TTL"元件库中调出 JK 触发器 74LS112D；从"Basic"元件库中调出单刀双掷开关 SPDT 两只；从

"Source"元件库中调出电源 V_{CC} 和地线,将它们放置在电子平台上。

② 从电子仿真软件 Multisim 2001 基本界面左侧右列虚拟元件工具条的指示元件列表调出两个 LED 指示灯,将它们放置在电子平台上。

③ 将所有元件连成仿真电路,如图 3.7.7 所示。

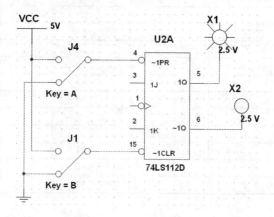

图 3.7.7　74LS112D 异步置位复位功能仿真

④ 打开仿真开关,按表 3.7.2 分别按 A 键或 B 键,观察 X1、X2 的变化情况,并填好表 3.7.2。(注:红灯亮表示 $Q=1$;蓝灯亮表示 $\overline{Q}=1$。)

表 3.7.2　74LS112 逻辑功能测试记录表

~PR(即 $\overline{S}_D$)	~CLR(即 $\overline{R}_D$)	Q	$\overline{Q}$
H	H→L		
	L→H		
H→L	H		
L→H			

(2)JK 触发器逻辑功能的测试

① 从 Multisim 2001 基本界面左侧左列元件工具条中调出如图 3.7.8 所有元件并连好线路。

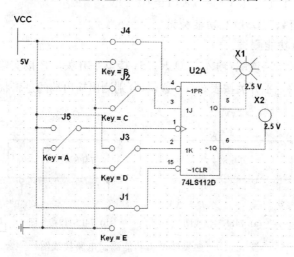

图 3.7.8　74LS112D JK 触发器仿真电路

② 打开仿真开关,按照表 3.7.3 要求进行实验,并将结果填入表 3.7.3 中。

表 3.7.3   74LS112 逻辑功能测试记录表

时 钟	输 入					输 出	功能说明
CP	$\overline{R}_D$(即~CLR)	$\overline{S}_D$(即~PR)	Q^n	J	K	Q^{n+1}	
×	0	1	×	×	×		
×	1	0	×	×	×		
×	0	0	×	×	×		
↓	1	1	0	0	0		
↓	1	1	0	0	1		
↓	1	1	0	1	0		
↓	1	1	0	1	1		
↓	1	1	1	0	0		
↓	1	1	1	0	1		
↓	1	1	1	1	0		
↓	1	1	1	1	1		

五、实验室操作实验内容

1. 注意事项

(1) 把芯片插在数字实验箱上并特别注意芯片缺口标记位置及引脚数。

(2) 芯片 7 脚(8 脚)、14 脚(16 脚)的功能。

(3) 芯片输入端、输出端如何与实验箱连接。

(4) 实验中改动连接线必须先断开电源,接好线后再通电实验。

2. 熟悉实验设备及器件

(1) 熟悉数字电路实验箱结构及使用方法,特别是电源开关、逻辑电平开关、发光二极管显示部分等。

(2) 熟悉芯片引脚排列图,本实验中使用的 TTL 集成门电路是双列直插型集成电路,如图 3.7.1 所示。

(3) TTL 门电路工作电压 $V_{cc}=5\times(1\pm10\%)$V。

3. 触发器(74LS74、74LS112)功能测试

(1) 74LS74 逻辑功能测试

按图 3.7.9(a)所示电路连线,输入端 D、$\overline{R}_D$、$\overline{S}_D$ 接电平开关,CP 接实验箱单脉冲源;输出端 Q、$\overline{Q}$ 接电平指示灯。将电平开关按表 3.7.4 置位,分别测出输出端的逻辑状态填入表 3.7.4 中。

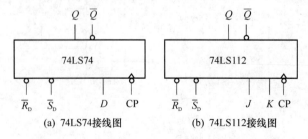

图 3.7.9 触发器逻辑功能测试电路接线图

表 3.7.4　74LS74 逻辑功能测试记录表

时钟	输入				输出	功能说明
CP	$\overline{R}_D$	$\overline{S}_D$	D	Q^n	Q^{n+1}	
×	0	1	×	×		
×	1	0	×	×		
×	0	0	×	×		
↑	1	1	0	0		
↑	1	1	0	1		
↑	1	1	1	0		
↑	1	1	1	1		
0	1	1	×	0		
0	1	1	×	1		

注:确定 CP 上升沿有效,还是 CP 下降沿有效。

(2) 74LS112 逻辑功能测试

按图 3.7.9(b)所示电路连线,输入端 J、K、$\overline{R}_D$、$\overline{S}_D$ 接电平开关,CP 接实验箱单脉冲源;输出端 Q、$\overline{Q}$ 接电平指示灯。将电平开关按表 3.7.5 置位,分别测出输出端的逻辑状态填入表 3.7.5 中。

表 3.7.5　74LS112 逻辑功能测试记录表

时钟	输入					输出	功能说明
CP	$\overline{R}_D$	$\overline{S}_D$	Q^n	J	K	Q^{n+1}	
×	0	1	×	×	×		
×	1	0	×	×	×		
×	0	0	×	×	×		
↓	1	1	0	0	0		
↓	1	1	0	0	1		
↓	1	1	0	1	0		
↓	1	1	0	1	1		
↓	1	1	1	0	0		
↓	1	1	1	0	1		
↓	1	1	1	1	0		
↓	1	1	1	1	1		

4. 触发器的应用

(1) 把 D 触发器转换为 T' 触发器

按图 3.7.10 连线,CP 接数字电路实验箱单脉冲源,Q 接电平指示。将测试的数据填入表 3.7.6 中。

理论基础:

$$Q^{n+1} = D = \overline{Q^n}$$

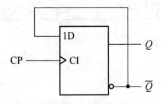

表 3.7.6 T′触发器状态测试记录表

输入	输出	逻辑功能
Q^n	Q^{n+1}	
0		
1		

图 3.7.10 D 触发器转换为 T′触发器电路

（2）把 JK 触发器转换为 T′触发器

理论基础：

$$Q^{n+1} = J\overline{Q^n} + \overline{K}Q^n = \overline{Q^n}$$

分别按图 3.7.11(a)、(b)连线，CP 接数字电路实验箱单脉冲源，输出端 Q 接电平指示。图(a)输入端 1 表示接高电平，图(b)输入端 J、K 为悬空状态，TTL 型集成电路输入悬空相当于接高电平。将测试的数据填入表 3.7.7 中。

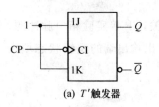
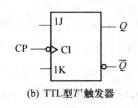

(a) T′触发器   (b) TTL型T′触发器

表 3.7.7 T′触发器状态测试记录表

输入	输出	逻辑功能
Q^n	Q^{n+1}	
0		
1		

图 3.7.11 JK 触发器转换为 T′触发器电路

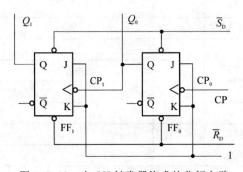

图 3.7.12 由 JK 触发器构成的分频电路

（3）分频电路

图 3.7.12 为双 JK 负沿触发的触发器（带预置位、清零端）74LS112 构成的分频电路。按图 3.7.12 连线，CP 接实验箱单脉冲源，$\overline{R}_D$、$\overline{S}_D$ 接高电平，输入端 J、K 为 1 表示接高电平，输出端 Q 接电平指示。将测试的数据填入表 3.7.8 中。

表 3.7.8 分频电路状态转换表

脉冲序列	复位	置位	电路初态		电路次态		数据分析
CP	$\overline{R}_D$	$\overline{S}_D$	Q_1^n	Q_0^n	Q_1^{n+1}	Q_0^{n+1}	实验结论
0	1	1	0	0			
1	1	1	0	1			
2	1	1	1	0			
3	1	1	1	1			

六、实验报告

1. 画出集成电路芯片引脚排列图及实验电路图。
2. 画出表格,并将测试记录填入表 3.7.4、表 3.7.5、表 3.7.6、表 3.7.7、表 3.7.8 中。
3. 实验结论,即 D 触发器、JK 触发器和 T' 触发器逻辑功能。
4. 已知 CP 波形,画出图 3.7.12 分频电路 Q_0、Q_1 的波形。

七、思考题

1. 74LS74、74LS112 的逻辑功能。
2. 芯片置位 $\overline{S}_D$、复位 $\overline{R}_D$ 控制端的作用。
3. T' 触发器的逻辑功能。
4. 触发器输入端悬空时为高电平还是为低电平。
5. 触发器的应用。

实验八　移位寄存器及其应用

一、实验目的

1. 验证移位寄存器逻辑功能。
2. 掌握移位寄存器逻辑功能的测试方法。
3. 熟悉移位寄存器的应用。

二、预习内容(知识点)

1. 集成电路芯片引脚排列图,如图 3.8.1 所示。
2. 移位寄存器的逻辑功能。

当清除端($\overline{\text{CLR}}$)为低电平时,输出端($Q_0 \sim Q_3$)均为低电平。

当工作方式控制端 S_1 和 S_0 均为低电平时,CLK 被禁止。输出端状态不变,即保持。

当 S_1 为低电平,S_0 为高电平时,在 CLK 上升沿作用下进行右移操作,数据由 DSR 送入。

当 S_1 为高电平,S_0 为低电平时,在 CLK 上升沿作用下进行左移操作,数据由 DSL 送入。

当 S_1、S_0 均为高电平时,在时钟 CLK 上升沿作用下,并行数据(D_0、D_1、D_2、D_3)被送入相应的输出端(Q_0、Q_1、Q_2、Q_3)。此时串行数据(DSR、DSL)被禁止。

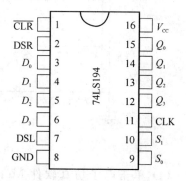

图 3.8.1　74LS194 芯片引脚排列图

三、实验仪器、设备及元器件

1. 数字电路实验箱、万用表。

2. 集成器件 4 位通用移位寄存器 74LS194 一片。

3. Multisim 2001 仿真软件。

四、计算机仿真实验内容

1. 寄存器 74LS194 功能测试

（1）通过 Multisim 2001 基本界面左侧"TTL"工具找到 74LS194D 芯片并放置在电子平台上。

（2）通过左侧"Basic"工具中选取"SWITCH"系列的元件"SPDT"，并放置在电子平台上，根据需要将器件进行水平和垂直旋转。

（3）分别双击每一个单刀双掷开关图标，将弹出对话框中的"Key for Switch"栏分别顺序设置成 A，B，C，…，如图 3.8.2 所示。

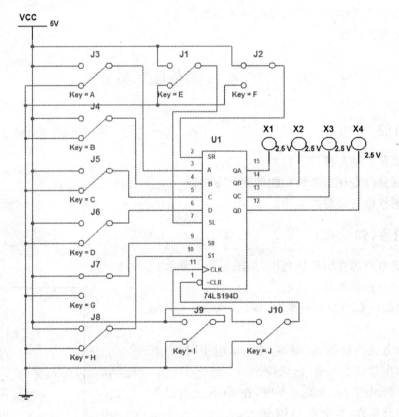

图 3.8.2　74LS194 仿真电路图

（4）单击电子仿真软件 Multisim 2001 基本界面左侧 Indicators 工具条，从中调出 PROBE 指示灯，将它们放置到电子平台上。

（5）单击电子仿真软件 Multisim 2001 基本界面左侧工具条的"Source"按钮，从弹出的对话框中调出 V_{cc} 电源和地线，将它们放置到电子平台上。

（6）将所有调出元件整理并连成仿真电路。如图 3.8.2 所示。

（7）打开仿真开关，根据表 3.8.1 的要求，通过控制输入开关的电平状态，观察输出指示灯的状态变化，并将结果填写到表 3.8.1 中（亮：1；灭：0）。

表 3.8.1　74LS194 逻辑功能测试记录表

| 输　入 | | | | | | | | | | 输　出 | | | |
| 清零 | 方式 | | 时钟 | 串行 | | 并行 | | | | | | | |
$\overline{\text{CLR}}$	S_1	S_0	CLK	DSL	DSR	d_0	d_1	d_2	d_3	Q_0	Q_1	Q_2	Q_3
0	0	0	↑	0	0	1	1	1	1				
1	0	0	↑	0	0	1	1	1	1				
1	1	1	↑	0	0	1	1	1	1				
1	1	1	↑	0	0	0	0	0	0				
1	1	0	↑	1	0	1	1	1	1				
1	1	0	↑	0	0	1	1	1	1				
1	0	1	↑	0	1	1	1	1	1				
1	0	1	↑	0	0	1	1	1	1				

注:确定 CLK 上升沿有效,还是 CLK 下降沿有效。

五、实验室操作实验内容

1. 注意事项

(1) 把芯片插在数字实验箱上并特别注意芯片缺口标记位置及引脚数。

(2) 芯片 8 脚、16 脚的功能。

(3) 芯片输入端、输出端如何与实验箱连接。

(4) 实验中改动连接线必须先断开电源,接好线后再通电实验。

2. 熟悉实验设备及器件

(1) 熟悉数字电路实验箱结构及使用方法,特别是电源开关、逻辑电平开关、发光二极管显示部分等。

(2) 熟悉芯片引脚排列图,本实验中使用的 TTL 集成门电路是双列直插型集成电路,如图 3.8.1 所示。

(3) TTL 门电路工作电压 $V_{\text{CC}} = 5 \times (1 \pm 10\%)\text{V}$。

3. 寄存器 74LS194 功能测试

按图 3.8.3 所示电路连线,输入端接电平开关,CP 接实验箱单脉冲源;输出端接电平指示灯。将电平开关按表 3.8.2 置位,分别测出输出端 Q_0、Q_1、Q_2、Q_3 的逻辑状态填入表 3.8.2 中。

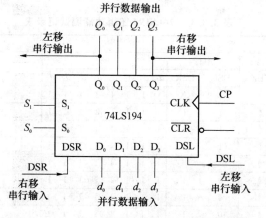

图 3.8.3　寄存器逻辑功能测试电路接线图

表 3.8.2　74LS194 逻辑功能测试记录表

输　　入										输　　出			
清零	方式		时钟	串行		并行				Q_0	Q_1	Q_2	Q_3
$\overline{\text{CLR}}$	S_1	S_0	CLK	DSL	DSR	d_0	d_1	d_2	d_3				
0	0	0	↑	0	0	1	1	1	1				
1	0	0	↑	0	0	1	1	1	1				
1	1	1	↑	0	0	1	1	1	1				
1	1	1	↑	0	0	0	0	0	0				
1	1	0	↑	1	0	1	1	1	1				
1	1	0	↑	0	0	1	1	1	1				
1	0	1	↑	0	1	1	1	1	1				
1	0	1	↑	0	0	1	1	1	1				

注:确定 CLK 上升沿有效,还是 CLK 下降沿有效。

4. 寄存器的应用

用两片 74LS194 接成 8 位双向移位寄存器。

将第 1 片的 DSL 接第 2 片的 Q_0 端,第 2 片的 DSR 接第 1 片的 Q_3 端,同时将两片的 S_0、S_1、CLK、$\overline{\text{CLR}}$分别并联,连接电路如图 3.8.4 所示。

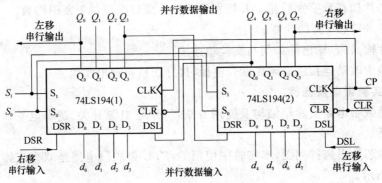

图 3.8.4　用两片 74LS194 接成 8 位双向移位寄存器

S_1、S_0 为控制端。$S_1 S_0 = 00$ 时,输出端状态保持。$S_1 S_0 = 01$ 时,数据右移。$S_1 S_0 = 10$ 时,数据左移。$S_1 S_0 = 11$ 时,数据($d_0 d_1 d_2 d_3$)并行输入→并行输出($Q_0 Q_1 Q_2 Q_3$)。

将电平开关按表 3.8.3 置位,分别测出输出端的逻辑状态填入表 3.8.3 中。

表 3.8.3　74LS194 逻辑功能测试记录表

输　　入															输　　出
清零	方式		时钟	串行		并行									$Q_0 Q_1 Q_2 Q_3 Q_4 Q_5 Q_6 Q_7$
$\overline{\text{CLR}}$	S_1	S_0	CLK	DSL	DSR	d_0	d_1	d_2	d_3	d_4	d_5	d_6	d_7		
0	1	1	↑	1	1	1	1	1	1	1	1	1	1		
1	1	1	↑	1	1	1	1	1	1	1	1	1	1		
1	0	1	↑	1	0	1	1	1	1	1	1	1	1		
1	0	1	↑	1	0	1	1	1	1	1	1	1	1		
1	0	1	↑	1	0	1	1	1	1	1	1	1	1		
1	1	0	↑	0	1	1	1	1	1	1	1	1	1		
1	1	0	↑	0	1	1	1	1	1	1	1	1	1		
1	1	0	↑	0	1	1	1	1	1	1	1	1	1		

六、实验报告

1. 画出集成电路芯片引脚排列图及实验电路图。
2. 画出表格,并将测试记录填入表 3.8.2、表 3.8.3。

七、思考题

1. 芯片 S_1、S_0 控制端的作用。
2. 由两片 74LS194 如何构成八位串行输入-并行输出转换电路?
3. 如何把 74LS194 连接成一个 12 位的移位寄存器?

实验九　用触发器构成异步计数器电路

一、实验目的

1. 熟悉触发器的功能及应用。
2. 学习用集成触发器构成计数器的方法。
3. 掌握计数器的逻辑功能。

二、预习内容(知识点)

1. D 触发器的逻辑功能(特性表、特性方程)。
2. JK 触发器的逻辑功能(特性表、特性方程)。
3. 集成触发器 74LS74、74LS112 芯片引脚排列,如图 3.9.1 所示。

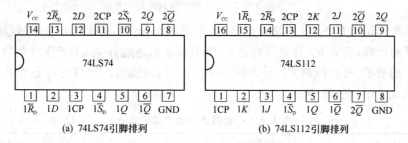

(a) 74LS74引脚排列　　　　　　(b) 74LS112引脚排列

图 3.9.1　集成电路芯片引脚排列图

三、实验仪器、设备及元器件

1. 数字电路实验箱、万用表。
2. 集成器件上升沿触发双 D 触发器 74LS74、下降沿触发双 JK 触发器 74LS112 各两片。
3. Multisim 2001 仿真软件。

四、计算机仿真实验内容

1. 由 74LS74 构成的计数器功能测试

(1) 通过 Multisim 2001 基本界面左侧"TTL"工具找到 74LS74D 芯片并放置在电子平台上,本实验共用到两片 74LS74。

（2）通过左侧"Basic"工具中选取"SWITCH"系列的元件"SPDT"，并放置在电子平台上，根据需要将器件进行水平和垂直旋转。

（3）分别双击每一个单刀双掷开关图标，将弹出对话框中的"Key for Switch"栏分别顺序设置成 A，B，C，同时将 Lable 依次改为 SD、CP、RD，如图 3.9.2 所示。

（4）单击电子仿真软件 Multisim 2001 基本界面左侧 Indicators 工具条，从中调出PROBE 指示灯，将它们放置到电子平台上。

（5）单击电子仿真软件 Multisim 2001 基本界面左侧工具条的"Source"按钮，从弹出的对话框中调出 V_{CC} 电源和地线，将它们放置到电子平台上。

（6）将所有调出元件整理并连成仿真电路。如图 3.9.2 所示。

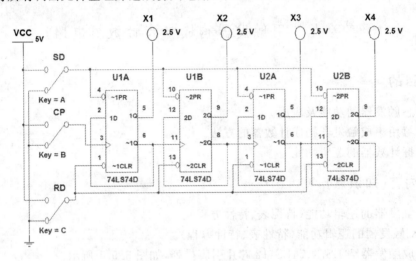

图 3.9.2　74LS74 仿真电路

（7）打开仿真开关，S_D 开关置高电平（无效状态），R_D 开关置低电平（有效状态），使计数器从 0 开始计数，而后 R_D 开关置高电平（无效状态），通过开关 CP 产生计数脉冲 CP。根据表 3.9.1 的要求，通过控制 CP 开关的电平状态，观察输出指示灯的状态变化，并将结果填写到表 3.9.1 中（亮：1；灭：0）。

表 3.9.1　计数器功能测试记录表

CP 个数	Q_3	Q_2	Q_1	Q_0	十六进制数显示	CP 个数	Q_3	Q_2	Q_1	Q_0	十六进制数显示
0	0	0	0	0		9					
1						10					
2						11					
3						12					
4						13					
5						14					
6						15					
7						16					
8						17					

2. 由 74LS112 构成的计数器功能测试

按照图 3.9.3 连接电路,芯片选择 74LS112,其他与图 3.9.3 类似。

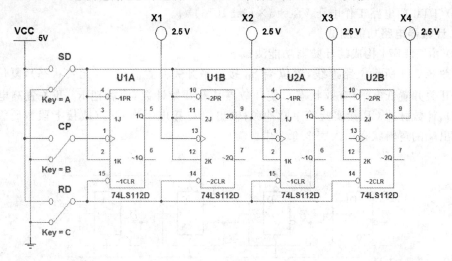

图 3.9.3　74LS112 仿真电路

单击仿真按钮,S_D 开关置为高电平(无效状态),$J=K=1$ 时,JK 触发器具有翻转功能,R_D 开关置低电平(有效状态),使计数器从 0 开始计数,而后把 R_D 开关置高电平(无效状态),通过开关 CP 产生计数脉冲 CP。将输出端的逻辑状态填入表 3.9.2 中。

表 3.9.2　计数器功能测试记录表

CP 个数	Q_3 Q_2 Q_1 Q_0	十六进制数显示	CP 个数	Q_3 Q_2 Q_1 Q_0	十六进制数显示
0	0　0　0　0		9		
1			10		
2			11		
3			12		
4			13		
5			14		
6			15		
7			16		
8			17		

五、实验室操作实验内容

1. 注意事项

(1) 把芯片插在数字实验箱上并特别注意芯片缺口标记位置及引脚数。

(2) 芯片 7 脚(8 脚)、14 脚(16 脚)的功能。

(3) 芯片输入端、输出端如何与实验箱连接。

(4) 实验中改动连接线必须先断开电源,接好线后再通电实验。

2. 熟悉实验设备及器件

(1) 熟悉数字电路实验箱结构及使用方法,特别是电源开关、逻辑电平(高电平、低电平)开关、发光二极管显示和七段数码管显示部分等。

（2）熟悉芯片引脚排列，本实验中使用的 TTL 集成门电路是双列直插型集成电路，如图 3.9.1 所示。

（3）TTL 门电路工作电压 $V_{cc}=5\times(1\pm10\%)$ V。

3. 计数器电路功能测试

（1）由 74LS74 构成的计数器功能测试

按图 3.9.4 所示电路连线，置位端 $\overline{S}_D$ 接电平开关并置高电平（无效状态），复位端 $\overline{R}_D$ 接电平开关并置低电平（有效状态），使计数器从 0 开始计数，而后把 $\overline{R}_D$ 开关置高电平（无效状态），计数脉冲 CP 接实验箱单脉冲源；输出端 Q 接电平指示灯（或接七段数码管）。将测出输出端的逻辑状态填入表 3.9.3 中。

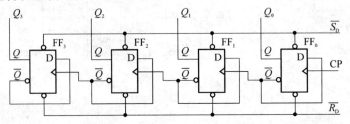

图 3.9.4　由 74LS74 构成的计数器功能测试电路接线图

表 3.9.3　计数器功能测试记录表

CP 个数	Q_3 Q_2 Q_1 Q_0	十六进制数显示	CP 个数	Q_3 Q_2 Q_1 Q_0	十六进制数显示
0	0　0　0　0		9		
1			10		
2			11		
3			12		
4			13		
5			14		
6			15		
7			16		
8			17		

注：确定 CP 上升沿有效，还是 CP 下降沿有效。

（2）由 74LS112 构成的计数器功能测试

按图 3.9.5 所示电路连线，置位端 $\overline{S}_D$ 接电平开关并置高电平（无效状态），$J=K=1$ 时，JK 触发器具有翻转功能，复位端 $\overline{R}_D$ 接电平开关并置低电平（有效状态），使计数器从 0 开始计数，而后把 $\overline{R}_D$ 开关置高电平（无效状态），计数脉冲 CP 接实验箱单脉冲源，输出端 Q 接电平指示灯（或接七段数码管显示）。将测出输出端的逻辑状态填入表 3.9.4 中。

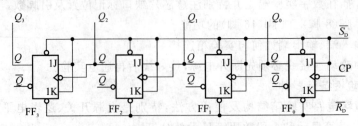

图 3.9.5　由 74LS112 构成的计数器功能测试电路接线图

表 3.9.4　计数器功能测试记录表

CP 个数	Q_3　Q_2　Q_1　Q_0	十六进制数显示	CP 个数	Q_3　Q_2　Q_1　Q_0	十六进制数显示
0	0　0　0　0		9		
1			10		
2			11		
3			12		
4			13		
5			14		
6			15		
7			16		
8			17		

注:确定 CP 上升沿有效,还是 CP 下降沿有效。

六、实验报告

1. 画出集成电路芯片引脚排列图及实验电路图。

2. 画出表格,并将测试记录填入表 3.9.1、表 3.9.2。

3. 画出状态转换图。

七、思考题

1. 芯片 $\overline{R}_D$、$\overline{S}_D$ 控制端的作用。

2. 如果把图 3.9.4 中的后一级触发器 CP 输入端接前一级触发器的输出 $\overline{Q}$ 端改接为 Q 端,计数器电路功能有何变化?

3. 如果把图 3.9.5 中的后一级触发器 CP 输入端接前一级触发器的输出 Q 端改接为 $\overline{Q}$ 端,计数器电路功能有何变化?

实验十　集成计数器及其应用

一、实验目的

1. 掌握集成计数器的逻辑功能。

2. 学习测试集成计数器功能的方法。

3. 熟悉计数器的应用。

二、预习内容(知识点)

1. 计数器的分类。

2. 计数器的逻辑功能(特性表)。

3. 集成计数器 74LS160 芯片引脚排列(见图 3.10.1(a))、结构框图(见图 3.10.1(b))及工作原理。

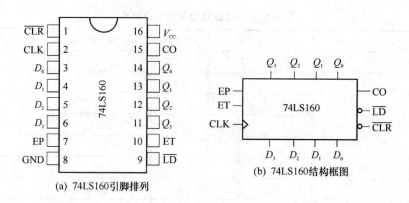

(a) 74LS160引脚排列　　(b) 74LS160结构框图

图 3.10.1　集成电路芯片引脚排列与结构框图

74LS160 是一个具有异步清零、同步置数、可以保持状态不变的十进制上升沿计数器。74160 具有以下功能。

（1）异步清零

当 $\overline{\text{CLR}}=0$ 时,不管其他输入端的状态如何(包括时钟信号 CP),计数器输出将被直接置零,称为异步清零。

（2）同步并行预置数

在 $\overline{\text{CLR}}=1$ 的条件下,当 $\overline{\text{LD}}=0$ 且有时钟脉冲 CP 的上升沿作用时,D_0、D_1、D_2、D_3 输入端的数据将分别被 $Q_0 \sim Q_3$ 所接收。由于这个置数操作要与 CP 上升沿同步,且 D_0、D_1、D_2、D_3 的数据同时置入计数器,所以称为同步并行置数。

（3）保持

在 $\overline{\text{CLR}}=\overline{\text{LD}}=1$ 的条件下,当 ET=EP=0,即两个计数使能端中有 0 时,不管有无 CP 脉冲作用,计数器都将保持原有状态不变(停止计数)。需要说明的是,当 EP=0,ET=1 时,进位输出 CO 也保持不变;而当 ET=0 时,不管 EP 状态如何,进位输出 CO=0。

（4）计数

当 $\overline{\text{CLR}}=\overline{\text{LD}}=\text{EP}=\text{ET}=1$ 时,74161 处于计数状态,电路从 0000 状态开始,连续输入 16 个计数脉冲后,电路将从 1111 状态返回到 0000 状态,CO 端从高电平跳变至低电平。可以利用 CO 端输出的高电平或下降沿作为进位输出信号。74LS160 功能表如表 3.10.1 所示。

表 3.10.1　74LS160 的功能表

输　入									输　出			
CP	$\overline{\text{CLR}}$	$\overline{\text{LD}}$	EP	ET	D_0	D_1	D_2	D_3	Q_0	Q_1	Q_2	Q_3
×	0	×	×	×	×	×	×	×	0	0	0	0
↑	1	0	×	×	a	b	c	d	a	b	c	d
×	1	1	0	1	×	×	×	×	保持			
×	1	1	×	0	×	×	×	×	保持(CO=0)			
↑	1	1	1	1	×	×	×	×	计数			

三、实验仪器、设备及元器件

1. 数字电路实验箱、万用表。

2. 集成器件 74LS160 计数器 2 片、74LS00 与非门 1 片。

3. Multisim 2001 仿真软件。

四、计算机仿真实验内容

计数器 74LS160 功能测试步骤如下。

（1）通过 Multisim 2001 基本界面左侧"TTL"工具找到 74LS160D 芯片并放置在电子平台上。

（2）通过左侧"Basic"工具中选取"SWITCH"系列的元件"SPDT"，并放置在电子平台上，根据需要将器件进行水平和垂直旋转。

（3）分别双击每一个单刀双掷开关图标，将弹出对话框中的"Key for Switch"栏分别顺序设置成 A，B，C，…，如图 3.10.2 所示。

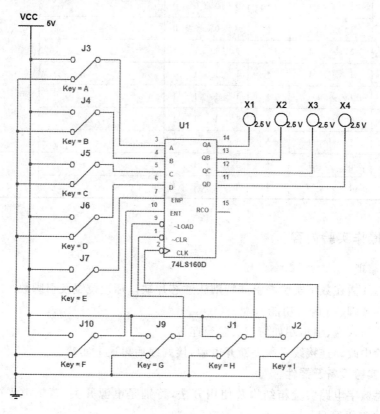

图 3.10.2　74LS160 仿真电路

（4）单击电子仿真软件 Multisim 2001 基本界面左侧 Indicators 工具条，从中调出 PROBE 指示灯，将它们放置到电子平台上。

（5）单击电子仿真软件 Multisim 2001 基本界面左侧工具条的"Source"按钮，从弹出的对话框中调出 V_{cc} 电源和地线，将它们放置到电子平台上。

（6）将所有调出元件整理并连成仿真电路。如图 3.10.2 所示。

打开仿真开关，按表 3.10.2 设置输入开关状态，输出端 Q 接逻辑电平指示灯。将测出输出端的逻辑状态填入表 3.10.2 中。

表 3.10.2　同步十进制加法计数器 74LS160 功能测试记录表

输　入									输　出				工作状态
清零	预置	状态控制		时钟	并行数据								
$\overline{\text{CLR}}$	$\overline{\text{LD}}$	EP	ET	CP	D_3	D_2	D_1	D_0	Q_3	Q_2	Q_1	Q_0	
0	0	1	1	↑	1	1	1	1					
1	0	1	1	↑	1	1	1	1					
1	0	1	1	↑	0	0	0	0					
1	1	1	1	↑	0	0	0	0					
1	1	1	1	↑	0	0	0	0					
1	1	1	1	↑	0	0	0	0					
1	1	1	1	↑	0	0	0	0					
1	1	1	1	↑	0	0	0	0					
1	1	1	1	↑	1	1	1	1					
1	1	1	1	↑	1	1	1	1					
1	1	1	1	↑	1	1	1	1					
1	1	1	1	↑	1	1	1	1					
1	1	0	1	↑	1	1	1	1					
1	1	1	0	↑	1	1	1	1					

五、实验室操作实验内容

1. 注意事项

(1) 把芯片插在数字实验箱上并特别注意芯片缺口标记位置及引脚数。

(2) 芯片 8 脚、16 脚的功能。

(3) 芯片输入端、输出端如何与实验箱连接。

(4) 实验中改动连接线必须先断开电源,接好线后再通电实验。

2. 熟悉实验设备及器件

(1) 熟悉数字电路实验箱结构及使用方法,特别是电源开关、逻辑电平(高电平、低电平)开关、发光二极管显示部分等。

(2) 熟悉芯片引脚排列,本实验中使用的 TTL 集成门电路是双列直插型集成电路,如图 3.10.1 所示。

(3) TTL 门电路工作电压 $V_{\text{CC}} = 5 \times (1 \pm 10\%)$ V。

3. 计数器 74LS160 功能测试

按图 3.10.1(a)所示芯片引脚排列连线,输入端接逻辑电平开关并按表 3.10.3 置位,计数脉冲 CP 接实验箱单脉冲源,输出端 Q 接逻辑电平指示灯。将测出输出端的逻辑状态填入表 3.10.3 中。

表 3.10.3　同步十进制加法计数器 74LS160 功能测试记录表

输　入									输　出				工作状态
清零	预置	状态控制		时钟	并行数据								
$\overline{\text{CLR}}$	$\overline{\text{LD}}$	EP	ET	CP	D_3	D_2	D_1	D_0	Q_3	Q_2	Q_1	Q_0	
0	0	1	1	↑	1	1	1	1					
1	0	1	1	↑	1	1	1	1					
1	0	1	1	↑	0	0	0	0					
1	1	1	1	↑	0	0	0	0					
1	1	1	1	↑	0	0	0	0					
1	1	1	1	↑	0	0	0	0					
1	1	1	1	↑	0	0	0	0					
1	1	1	1	↑	0	0	0	0					
1	1	1	1	↑	1	1	1	1					
1	1	1	1	↑	1	1	1	1					
1	1	1	1	↑	1	1	1	1					
1	1	1	1	↑	1	1	1	1					
1	1	0	1	↑	1	1	1	1					
1	1	1	0	↑	1	1	1	1					

4. 计数器 74LS160 的应用

（1）同步置数法构成六进制计数器电路

按图 3.10.3 所示电路连线，输入端接逻辑电平开关并按图中的数字置位，计数脉冲 CP 接实验箱单脉冲源，输出端 Q 接电平指示灯。将测出输出端的逻辑状态填入表 3.10.4 中。

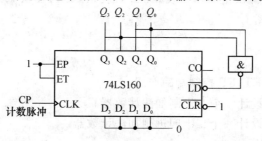

图 3.10.3　由 74LS160 构成的计数器功能测试电路接线图

表 3.10.4　计数器电路功能测试记录表

输　入	输　出				输　入	输　出			
CP 个数	Q_3	Q_2	Q_1	Q_0	CP 个数	Q_3	Q_2	Q_1	Q_0
0	0	0	0	0	4				
1					5				
2					6				
3					7				

（2）由 2 片 74LS160 构成六十进制计数器电路

按图 3.10.4 所示电路连线,输入端接逻辑电平开关并按图中的数字置位,计数脉冲 CP 接实验箱单脉冲源,输出端 Q 接电平指示灯(或接七段数码管显示)。首先用清零端将计数器输出 Q 端清零,从 0 开始计数,将测出输出端的逻辑状态填入表 3.10.5 中。

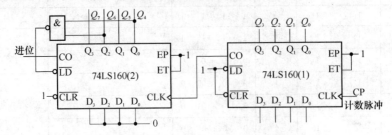

图 3.10.4　六十进制计数器功能测试电路接线图

表 3.10.5　计数器电路功能测试记录表

输入	输出								输入	输出							
CP 个数	Q_7	Q_6	Q_5	Q_4	Q_3	Q_2	Q_1	Q_0	CP 个数	Q_7	Q_6	Q_5	Q_4	Q_3	Q_2	Q_1	Q_0
0	0	0	0	0	0	0	0	0	30								
1									31								
2									32								
⋮									⋮								
28									58								
29									59								

六、实验报告

1. 画出集成电路芯片引脚排列图及实验电路图。

2. 画出表格,并将测试记录填入表 3.10.3、表 3.10.4、表 3.10.5。

3. 画出状态转换图。

七、思考题

1. 芯片 $\overline{LD}$、$\overline{CLR}$、ET、EP 控制端的作用。

2. 使用 74LS160 设计一个八进制加法计数器。

3. 使用 74LS160 设计一个二十四进制加法计数器。

实验十一　集成脉冲电路及其应用

一、实验目的

1. 熟悉施密特触发器的应用。

2. 掌握脉冲电路的构成与工作原理。

3. 熟悉脉冲电路输出波形测量方法。

二、预习内容(知识点)

1. 施密特触发器的特点。

2. 施密特触发器的传输特性。

3. 集成六施密特反相器 CC40106 芯片引脚排列图,见图 3.11.1。

4. CC40106 的功能和用途。

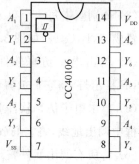

CC40106 是六反向施密特触发器。主要用于波形整形、抗干扰。在脉冲数字信号传递过程中,要求有较好的上升沿和下降沿,在某些状况下,输入往往是正弦波或非矩形波,用 CC40106 就能转换成很好的矩形波。

图 3.11.1　CC40106 引脚排列

三、实验仪器、设备及元器件

1. 数字电路实验箱、万用表、示波器。

2. 集成器件 CC40106 施密特触发器 1 片,10 kΩ、51 kΩ 电阻和 0.022 μF、1 μF 电容各 1 个。

3. Multisim 2001 仿真软件。

四、计算机仿真实验内容

1. 六施密特反相器 CC40106 功能测试

(1) 单击电子仿真软件 Multisim 2001 基本界面左侧工具条的"CMOS"按钮,选取 CMOS_5V,如图 3.11.2 所示。在"Componet Name List"中选择 40106BD(如图 3.11.3 所示),单击左下角"OK"按钮,将芯片放置在电子平台上。

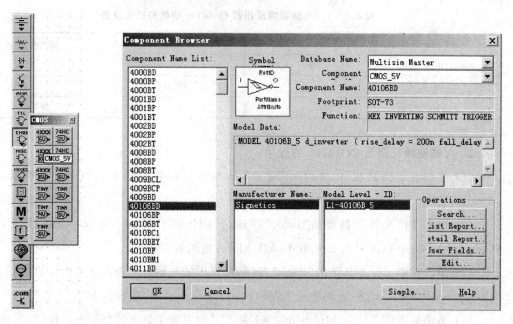

图 3.11.2　选取 CMOS_5V　　　　　　　　图 3.11.3　选取 40106BD

（2）通过左侧"Basic"工具中选取"SWITCH"系列的元件"SPDT"，并放置在电子平台上，根据需要将器件进行水平和垂直旋转。

（3）分别双击每一个单刀双掷开关图标，将弹出对话框中的"Key for Switch"栏分别顺序设置成 A，B，C，…，如图 3.11.4 所示。

（4）单击电子仿真软件 Multisim 2001 基本界面左侧 Indicators 工具条，从中调出 PROBE 指示灯，将它们放置到电子平台上。

（5）单击电子仿真软件 Multisim 2001 基本界面左侧工具条的"Source"按钮，从弹出的对话框中调出地线，将它们放置到电子平台上。

（6）将所有调出元件整理并连成仿真电路。如图 3.11.4 所示。

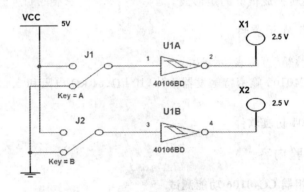

图 3.11.4　CD40106 仿真电路

（7）打开仿真开关。将测出输出端的逻辑状态填入表 3.11.1 中。

表 3.11.1　六施密特反相器 CC40106 功能测试记录表

输　入	输　出	输　入	输　出
A_1	X_1	A_2	X_2
0		1	
1		0	

2. 六施密特反相器 CC40106 的应用

（1）单击电子仿真软件 Multisim 2001 基本界面左侧工具条的"CMOS"按钮，选取 40106BD 芯片。

（2）单击左侧元件工具条的"Basic"按钮，从弹出的对话框中选取"REISTER"，再在 "Componet Name List"栏分别选取 10 kΩ、51 kΩ 电阻各 1 个。

（3）单击左侧元件工具条的"Basic"按钮，从弹出的对话框中选取"CAPACITOR"，再在 "Componet Name List"栏分别选取 22 pF(0.022 μF)、1.0 μF 电容各 1 个。

（4）单击电子仿真软件 Multisim 2001 基本界面左侧工具条的"Source"按钮，从弹出的对话框中调出地线，将它们放置到电子平台上。

（5）从右侧的仪器工具栏中选择信号发生器 XFG 及示波器 XSC。调整函数信号发生器产生信号：锯齿波、频率 100 Hz、幅值 5 V、占空比 50%。示波器根据信号发生器频率、幅值的变化调整相对应的扫描时间、灵敏度。按图 3.11.5 连接好电路及调整好仪器后，打开仿真开关。

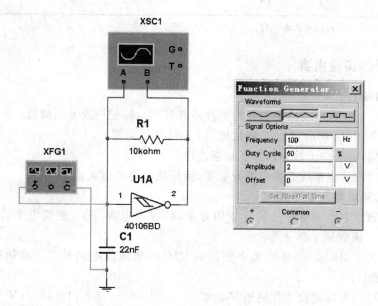

图 3.11.5　40106 应用仿真电路

（6）仿真后示波器的波形如图 3.11.6 所示。

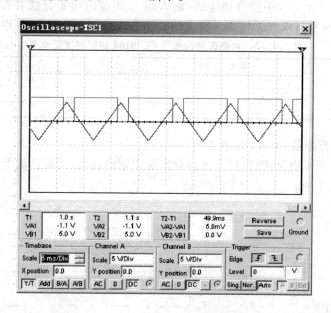

图 3.11.6　40106 应用仿真电路波形图

（7）观察输出波形的参数，并记录到表 3.11.2 中。然后更改电阻 R_1 为 51 kΩ，更改电容 C_1 为 1 μF，重新观测输出波形参数，并记录到表 3.11.2 中。

表 3.11.2　多谐振荡器测试记录表

电路参数		输　出			
电阻 R	电容 C	周期 $T/\mu s$	频率 f/kHz	占空比 q	波形
10 kΩ	0.022 μF				
51 kΩ	1 μF				

注:振荡周期 $T=t_{WL}+t_{WH}$;振荡频率 $1/f$;占空比 $q=t_{WH}/T$。

五、实验室操作实验内容

1. 注意事项

(1) 把芯片插在数字实验箱上并特别注意芯片缺口标记位置及引脚数。

(2) 芯片 7 脚、14 脚的功能(7 脚接地,14 脚接 5 V 电源)。

(3) 芯片输入端、输出端如何与实验箱连接。

(4) 实验中改动连接线必须先断开电源,接好线后再通电实验。

2. 熟悉实验设备及器件

(1) 熟悉数字电路实验箱结构及使用方法,特别是电源开关、逻辑电平(高电平、低电平)开关、发光二极管显示部分等。

(2) 熟悉芯片引脚排列,本实验中使用的 CMOS 集成门电路是双列直插型集成电路,如图 3.11.1 所示。

(3) CMOS 门电路建议工作电压 $V_{DD}=3\times(1\pm10\%)\sim15\times(1\pm10\%)$V。本实验采用 5 V 电源。

3. 六施密特反相器 CC40106 功能测试

按图 3.11.1 所示芯片引脚排列连线,输入端 A 接逻辑电平开关并按表 3.11.3 置位,输出端 Y 接逻辑电平指示灯。将测出输出端的逻辑状态填入表 3.11.3 中。

表 3.11.3　六施密特反相器 CC40106 功能测试记录表

输入	输出	输入	输出
A_1	Y_1	A_2	Y_2
0		1	
1		0	

4. 六施密特反相器 CC40106 的应用

按图 3.11.7 所示电路连线,用示波器观察输出端的波形,将振荡波形的周期、频率及占空比填入表 3.11.4 中。

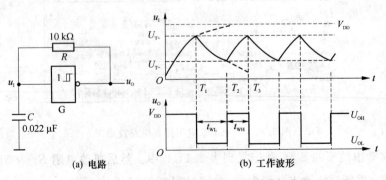

(a) 电路　　　　(b) 工作波形

图 3.11.7　用施密特触发器构成的多谐振荡器

表 3.11.4　多谐振荡器测试记录表

电路参数		输　出			
电阻 R	电容 C	周期 $T/\mu s$	频率 f/kHz	占空比 q	波形
10 kΩ	0.022 μF				
51 kΩ	1 μF				

注:振荡周期 $T = t_{WL} + t_{WH}$;振荡频率 $1/f$;占空比 $q = t_{WH}/T$。

六、实验报告

1. 画出集成电路芯片引脚排列图及实验电路图。

2. 画出表格,并将测试记录填入表 3.11.3、表 3.11.4。

3. 画出振荡波形图。

七、思考题

1. 图 3.11.7(a)所示电路为什么称为多谐振动器?

2. 振荡波形的周期与 R、C 的关系。

3. 器件的回差电压 $\Delta U = U_{T+} - U_{T-}$ 等于多少?

4. 输出电压 U_{OH} 是多少?

实验十二　555 定时器及其应用

一、实验目的

1. 熟悉 555 定时器功能测试方法及芯片的应用。

2. 掌握脉冲电路的构成与工作原理。

3. 熟悉脉冲电路输出波形测量方法。

二、预习内容

1. 集成 555 定时器的结构与工作原理。

2. 集成 555 定时器的功能表。

3. 集成 555 定时器芯片引脚排列图,见图 3.12.1。

三、实验仪器、设备及元器件

1. 数字电路实验箱、万用表、示波器。

2. 集成器件 555 定时器 1 片,5.1 kΩ 电阻 2 个,0.01 μF、
0.1 μF 电容各 1 个。

3. Multisim 2001 仿真软件。

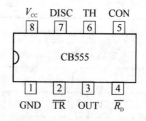

图 3.12.1　555 芯片引脚排列

四、计算机仿真实验内容

1. 集成 555 定时器功能测试

（1）单击电子仿真软件 Multisim 2001 基本界面左侧工具条的"Mixed"按钮，选取 TIMER 工具（图标为 555），在"Componet Name List"中列出了所有可用的 555 定时器芯片。其中，"555_VIRTUAL"为虚拟的 555 定时器，其他均为实际的 555 芯片，只不过封装形式不同。这里选择 LM555CH，单击左下角"OK"按钮，将芯片放置在电子平台上。

（2）通过左侧"Basic"工具中选取"SWITCH"系列的元件"SPDT"，并放置在电子平台上，根据需要将器件进行水平和垂直旋转。

（3）分别双击每一个单刀双掷开关图标，将弹出对话框中的"Key for Switch"栏分别顺序设置成 A，B，C，如图 3.12.2 所示。

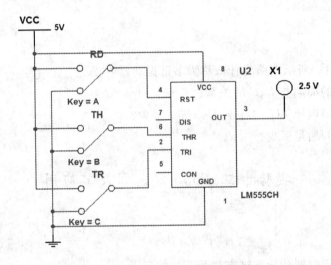

图 3.12.2　555 仿真电路

（4）单击电子仿真软件 Multisim 2001 基本界面左侧 Indicators 工具条，从中调出 PROBE 指示灯，将它们放置到电子平台上。

（5）将所有调出元件整理并连成仿真电路。如图 3.12.2 所示。

（6）打开仿真开关，根据表 3.12.1 设置输入开关状态，并记录输出结果。

表 3.12.1　集成 555 定时器功能测试记录表

输　入			输　出
复位端$\overline{R}_D$（4 脚）	高电平触发端 TH（6 脚）	低电平触发端$\overline{TR}$（2 脚）	OUT（3 脚）
0	×	×	
1	0	0	
1	1	1	

2. 集成 555 定时器的应用

（1）从左侧工具条的"Mixed"按钮，调出 LM555CH 芯片，放置在电子平台上。

（2）单击左侧元件工具条的"Basic"按钮，从弹出的对话框中选取"REISTER"，再在"Componet Name List"栏分别选取 3 kΩ、5.1 kΩ 电阻各 2 个。

（3）单击左侧元件工具条的"Basic"按钮，从弹出的对话框中选取"CAPACITOR"，再在"Componet Name List"栏分别选取 100 nF(0.1 μF)、330 nF(0.33 μF)电容各 1 个。

（4）在右侧仪器库中取出示波器 XSC。按照图 3.12.3 连接好线路图，双击示波器，打开示波器显示窗口。打开仿真工作开关，调整示波器的扫描时间、灵敏度等参数，使得波形适宜观察，示波器显示波形图如图 3.12.4 所示。

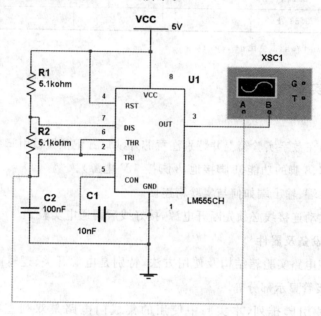

图 3.12.3　555 仿真电路图

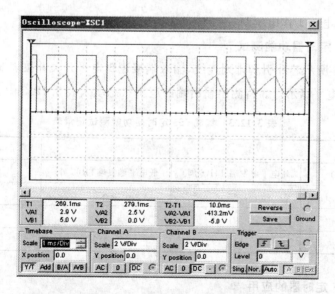

图 3.12.4　555 电路示波器波形图

101

（5）观察示波器波形,填写表 3.12.2,将电阻 R_1 和 R_2 分别改为 5.1 kΩ,电容 C_1 改为 0.1 μF,将波形参数填写到表 3.12.2 中。

表 3.12.2　多谐振荡器测试记录表

电路参数			输　出			
R_1	R_2	电容 C	电压 U_{OH}/V	周期 T/μs	占空比 q	波形
5.1 kΩ	5.1 kΩ	0.1 μF				
3 kΩ	3 kΩ	0.33 μF				

注:振荡周期 $T=t_{WL}+t_{WH}$;占空比 $q=t_{WH}/T$。

五、实验室操作实验内容

1. 注意事项

（1）把芯片插在数字实验箱上并特别注意芯片缺口标记位置及引脚数。

（2）芯片 1 脚、8 脚的功能（1 脚接地,8 脚接 5 V 电源）。

（3）芯片输入端、输出端如何与实验箱连接。

（4）实验中改动连接线必须先断开电源,接好线后再通电实验。

2. 熟悉实验设备及器件

（1）熟悉数字电路实验箱结构及使用方法,特别是电源开关、逻辑电平（高电平、低电平）开关、发光二极管显示部分等。

（2）熟悉芯片引脚排列,本实验中使用的集成门电路是双列直插型集成电路,如图 3.12.1 所示。

（3）TTL 门电路工作电压 $V_{CC}=5\times(1\pm10\%)$V。

3. 集成 555 定时器功能测试

按图 3.12.1 所示芯片引脚排列连线,输入端接逻辑电平开关并按表 3.12.3 置位,输出端 OUT 接逻辑电平指示灯。将测出输出端的逻辑状态填入表 3.12.3 中。

表 3.12.3　集成 555 定时器功能测试记录表

输　入			输　出
复位端 $\overline{R_D}$(4 脚)	高电平触发端 TH(6 脚)	低电平触发端 $\overline{TR}$(2 脚)	OUT(3 脚)
0	×	×	
1	0	0	
1	1	1	

4. 集成 555 定时器的应用

按图 3.12.5 所示电路连线,用示波器观察输出端的波形,将振荡波形的周期、频率及占空比填入表 3.12.4 中。

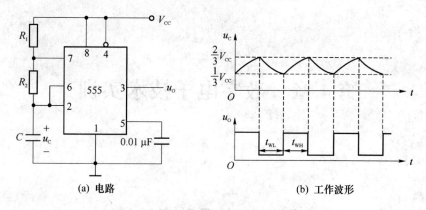

(a) 电路 (b) 工作波形

图 3.12.5　用 555 定时器构成多谐振荡器

表 3.12.4　多谐振荡器测试记录表

电路参数			输出			
R_1	R_2	电容 C	电压 U_{OH}/V	周期 T/μs	占空比 q	波形
5.1 kΩ	5.1 kΩ	0.1 μF				
3 kΩ	3 kΩ	0.33 μF				

注:振荡周期 $T=t_{WL}+t_{WH}$;占空比 $q=t_{WH}/T$。

六、实验报告

1. 画出集成电路芯片引脚排列图及实验电路图。
2. 画出表格,并将测试记录填入表 3.12.3、表 3.12.4。
3. 画出振荡波形图。

七、思考题

1. 振荡波形的周期与 R、C 的关系。
2. 芯片 5 脚接的 0.01 μF 电容与振荡频率有关系吗?
3. 正常工作时,4 脚为什么要接电源电压?

103

第4章 数字电子技术实训

实训一 电子秒表设计

一、实训目的

1. 熟悉 555 时基电路的分析和测试方法。
2. 掌握集成计数器的功能测试及应用。
3. 掌握译码显示电路的分析测试方法。
4. 掌握电子秒表的调试方法。

二、实训设备及器件

1. 数字电路实验箱	1 台
2. 数字万用表	1 块
3. 双踪示波器	1 台
4. 器件	

74LS00	四 2 输入与非门	2 片
74LS90	二-五-十进制异步加计数器	3 片
NE555 定时器		1 片
电阻,470 Ω、1.5 kΩ、1 kΩ、100 kΩ		各 1 个
电容,4 700 pF、510 pF、0.01 μF、0.1 μF		各 1 个
电位器,100 kΩ		1 个

三、实训预习

1. 复习 RS 触发器、单稳态触发器、时钟发生器及计数器、译码显示器等部分内容。
2. 分析电子秒表电路原理组成,了解各部分功能及工作原理。
3. 列出电子秒表单元电路的测试表格和调试步骤,标出所用芯片引脚号。

四、设计要求

1. 用单面 PCB 板设计制作一个数字电子秒表。

2. 计时用数码管显示：1 至 99 秒。

3. 有直接置位、复位功能，用按钮开关能灵活启动和停止秒表的工作。

4. 完成设计报告。

五、实训原理

图 4.1.1 为电子秒表设计电路图。按功能分成 4 个单元电路进行分析。

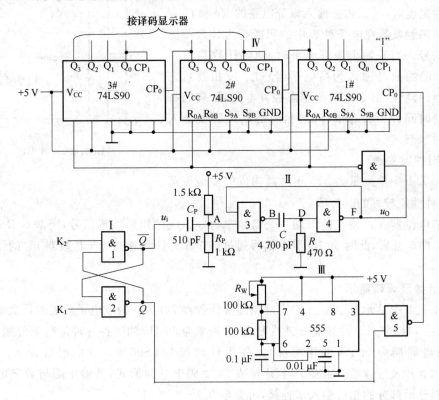

图 4.1.1   电子秒表设计电路图

1. 基本 RS 触发器

图 4.1.1 中单元 I 为集成与非门构成的基本 RS 触发器，属低电平直接触发的触发器，有直接置位、复位的功能。

它的一路输出 $\overline{Q}$ 作为单稳态触发器的输入，另一路输出 Q 作为与非门 5 的输入控制信号。

K_2、K_1 接电平开关，不工作时置 1。当 K_2 置 0、K_1 置 1 时，则门 1 输出 $\overline{Q}=1$，门 2 输出 $Q=0$，K_2 再置 1、K_1 置 1，Q、$\overline{Q}$ 状态不变，K_2 仍置 1、K_1 置 0，则 Q 由 0 变为 1，门 5 开启，为计数器启动作好准备，$\overline{Q}$ 由 1 变 0，送出负脉冲，启动单稳态触发器工作。

K_1 置 0 秒表清零并开始计时，K_2 置 0 秒表停止计时。基本 RS 触发器在电子秒表中的职能是启动和停止秒表工作。

2. 单稳态触发器

图 4.1.1 中单元 II 为集成与非门构成的微分型单稳态触发器，图 4.1.2 为各点波形图。

单稳态触发器的输入触发负脉冲信号 u_i 由基本 RS 触发器 Q 端提供,输出负脉冲 u_o 通过非门加到计数器的清除端 R。

静态时,门 4 应处于截止状态(输出为高电平),故电阻 R 必须小于门的关门电阻 R_{off}。定时元件 RC 取值不同,输出脉冲宽度也不同。当触发脉冲宽度小于输出脉冲宽度时,可以省去输入微分电路的 R_P 和 C_P。

单稳态触发器在电子秒表中的职能是为计数器提供清零信号。当其输出为低电平时,使各计数芯片(3片74LS90)的 R 的输入为高电平(经过了反相器),完成计数器的复位,由于采用单稳态触发电路,R 端的高电平维持时间即为暂态维持时间,暂态结束后便进入正常计时状态。

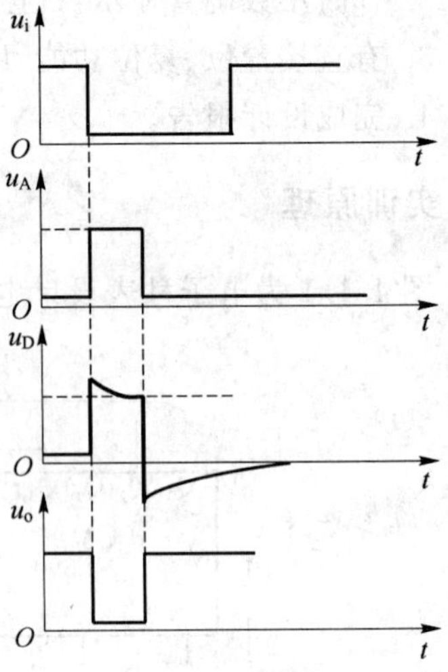

图 4.1.2　波形图

3. 时钟发生器

图 4.1.1 中单元 Ⅲ 为 555 定时器构成的多谐振荡器,是一种性能较好的时钟源。

调节电位器 R_W,使在输出端 3 获得频率为 50 Hz 的矩形波形信号,当基本 RS 触发器 $Q=1$ 时,门 5 开启,此时 50 Hz 脉冲信号通过门 5 作为计数脉冲加于计数器 1♯ 的计数输入端 CP_0。

4. 计数及译码显示

图 4.1.1 中单元 Ⅳ 为二-五-十进制加法计数器 74LS90 构成电子秒表的计数单元。其中,计数器 74LS90 1♯ 片接成五进制形式,对频率为 50 Hz 的时钟脉冲进行五分频,在输出端 Q_3 取得周期为 0.1 s 的矩形脉冲,作为计数器 74LS90 2♯ 片的时钟输入。计数器 74LS90 2♯ 片及计数器 74LS90 3♯ 片接成 8421 码十进制形式,其输出端与数字电路实验箱中译码显示部分的相应输入端连接,可显示 0.1~9.9 s 计时。

集成异步计数器 74LS90 是异步二-五-十进制加法计数器,它既可以作二进制加法计数器,又可以作五进制和十进制加法计数器。其功能表如表 4.1.1 所示,引脚排列见附录。

表 4.1.1　74LS90 功能表

输　入					输　出			
清　零		置　9		时　钟				
R_{0A}	R_{0B}	S_{9A}	S_{9B}	CP	Q_3	Q_2	Q_1	Q_0
1	1	0	×	×	0	0	0	0
		×	0	×				
×	×	1	1	×	1	0	0	1
×	0	×	0	↓	加　计　数			
0	×	0	×	↓	加　计　数			
0	×	×	0	↓	加　计　数			
×	0	0	×	↓	加　计　数			

通过不同的连接方式，74LS90 可以实现 4 种不同的逻辑功能，而且还可借助 R_{0A}、R_{0B} 对计数器清零，借助 S_{9A}、S_{9B} 将计数器置 9。其具体功能详述如下。

（1）计数脉冲从 CP_0 输入，Q_0 作为输出端，为二进制计数器。

（2）计数脉冲从 CP_1 输入，$Q_3 Q_2 Q_1$ 作为输出端，为异步五进制加法计数器。

（3）若将 CP_1 和 Q_0 相连，计数脉冲由 CP_0 输入，$Q_3 Q_2 Q_1 Q_0$ 作为输出端，则构成异步 8421 码十进制加法计数器。

（4）若将 CP_0 与 Q_3 相连，计数脉冲 CP_1 输入，$Q_0 Q_3 Q_2 Q_1$ 作为输出端，则构成异步 5421 码十进制加法计数器。

（5）清零、置 9 功能。

① 异步清零：当 R_{0A}、R_{0B} 均为"1"，S_{9A}、S_{9B} 中有"0"时，实现异步清零功能。

② 置 9 功能：当 S_{9A}、S_{9B} 均为"1"，R_{0A}、R_{0B} 中有"0 时"，实现置 9 功能。

六、实训内容及电路测试

由于实训电路中使用器件较多，因此实训前必须合理安排各器件在数字电路实验箱上的位置，使电路逻辑清楚，接线较短。

在完成电路的初步设计后，先对电路进行仿真调试，从而达到设计指标的要求。

实训时，应按照实训任务的次序，将各单元电路逐个进行接线和调试，即分别测试基本 RS 触发器、单稳态触发器、时钟发生器及计数器、译码显示电路等逻辑功能，待各单元电路工作正常后，再将有关电路逐级连接起来进行测试……直到测试电子秒表整个电路的功能。

这样的模块化测试方法有利于检查和排除故障，是调试电路的常用方法，可保证实训顺利进行。

1. 基本 RS 触发器的测试

测试方法参考第三部分中实验七有关内容。

2. 单稳态触发器的测试

（1）静态测试

用数字万用表测量 A、B、D、F 各点电位值，记录之。

（2）动态测试

输入端接 1 kHz 连续脉冲源，用示波器观察并描绘 D 点（u_D）、F 点（u_0）波形，如果觉得单稳输出脉冲持续时间太短，难以观察，可适当加大微分电容 C（如改为 $0.1\ \mu F$），待测试完毕，再恢复到 4 700 pF。

3. 时钟发生器的测试

测试方法参考第三部分实验十二中 555 定时器构成多谐振荡器的内容，用示波器观察输出电压波形并测量其频率，调节 R_W，使输出矩形波频率为 50 Hz。

4. 计数器的测试

（1）计数器 74LS90 1♯片接成五进制形式，R_{0A}、R_{0B}、S_{9A}、S_{9B} 接电平开关，CP_1 接单次脉冲源，CP_0 接高电平"1"，$Q_3 \sim Q_4$ 接到译码显示电路"8、4、2、1"插孔上，测试其逻辑功能，记录之。

（2）计数器 74LS90 2♯片及计数器 74LS90 3♯片接成 8421 码十进制形式，同内容（1）进行逻辑功能测试，记录之。

（3）计数器 74LS90 1♯、74LS90 2♯、74LS90 3♯片级连，进行逻辑功能测试，记录之。

5.电子秒表的整体测试

各单元电路测试正常后，按图 4.1.1 把几个单元电路连接起来，进行电子秒表的总体测试。

先将电平开关 K₂ 置 0 后再置 1，此时电子秒表不工作，再将电平开关 K₁ 置 0 后再置 1，则计数器清零后便开始计时，观察数码管显示计数情况是否正常，如不需要计时或暂停计时，将 K₂ 置 0，计时立即停止，但数码管保留计时之值。

6.电子秒表准确度的测试

利用电子钟或手表的秒计时对电子秒表进行校准。

七、实训报告

1.总结电子秒表整个调试过程。

2.分析调试中发现的问题及故障排除方法。

实训二　彩灯循环控制器的设计与制作

一、实训目的

1.熟练掌握采用 555 定时器组成的振荡器、分频电路的组成。

2.掌握译码器的工作原理。

3.通过本设计熟悉中规模集成电路进行时序电路和组合电路设计的方法。

4.掌握彩灯循环控制器的设计方法。

二、实训设备及器件

1.数字电路实验箱	1 台
2.数字万用表	1 块
3.双踪示波器	1 台
4.器件	
CD4040　12 位异步二进制计数器	1 片
74LS138　3 线-8 线译码器	1 片
NE555 定时器	1 片
电阻，470 Ω、1.5 kΩ、1 kΩ、100 kΩ	各 1 个
电容，4 700 pF、510 pF、0.01 μF、0.1 μF	各 1 个
电位器，100 kΩ	1 个

三、设计要求

1.彩灯能够自动循环点亮。

2.彩灯循环显示且频率快慢可调。

3. 该控制电路具有 8 路以上的输出。

四、实训原理

1. 电路组成

该电路由 555 定时器、12 位二进制计数器 CD4040 和 3 位二进制译码器 74LS138 组成。如图 4.2.1 所示。

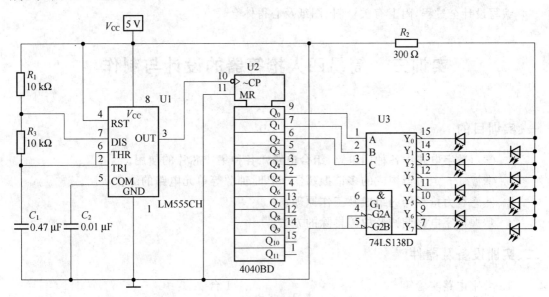

图 4.2.1 彩灯循环控制电路原理图

2. 电路原理与实现

CD4040 是 12 位异步二进制计数器,它仅有 2 个输入端,即时钟输入端 CP 和清零端 CR。输出端为 $Q_0 \sim Q_{11}$。当清零端 CR 为高电平时,计数器输出全被清零;当清零端 CR 为低电平时,在 CP 脉冲的下降沿进行计数。74LS138 是 3 线-8 线译码器,具有 3 个地址输入端 A、B、C 和 3 个选通端 G1、~G2B、G2A 以及 8 个译码器输出端 $Y_0 \sim Y_7$。

555 定时器中,输出频率 $=1.43/(R_1+2R_3)C$,从而可调节输出频率的大小,可控制彩灯闪的快慢程度,还可以从 A、B、C 的连接来控制,连最低端闪得快,连最高端闪得慢。因此用 555 定时器组成多谐振荡器,输出频率为 $f=101$ Hz。由 CD4040 分频后,低 3 位 Q_2、Q_1、Q_0 的输出分别接在 74LS138 译码器的 C、B、A 3 端。从而使其输出端 $Y_0 \sim Y_7$ 驱动的发光二极管顺序循环亮与灭。

五、安装与电路调试

1. 在完成电路的初步设计后,再对电路进行仿真调试,目的是为了观察和测量电路的性能指标并调整部分器件参数,从而达到设计指标的要求。

2. 安装。安装调试前,应先测量发光二极管等电子元器件的好坏(选用万用表的 $R \times 1$ k 进行测量即可),测试各个芯片的功能。

3. 按照原理图,合理进行元件布局,在电路板上根据原理图依据电路模块进行依次组装焊接,这样便于电路调测和故障的检修。

4. 调试。接通电源,观察彩灯循环控制电路、八个发光二极管的明亮顺序及彩灯闪烁快慢程度。若出现异常,首先检查各芯片是否接地,电源电压是否正常;其次检查各芯片的功能,以排除故障完成实训。

六、实训报告

编写设计全过程,附上有关资料、图纸及心得体会。

实训三　简易四人抢答器的设计与制作

一、实训目的

1. 学习数字电路中各种门电路(组合电路)、各种集成芯片的使用。
2. 掌握 555 定时器构成的多谐振荡器、CP 时钟源等单元电路的综合运用。
3. 熟悉智力抢答器的组成及工作原理。
4. 掌握数字电路调试及故障排除的方法。

二、实训设备及器件

1. 数字电路实验箱　　　　　　　　　1 台
2. 数字万用表　　　　　　　　　　　1 块
3. 双踪示波器　　　　　　　　　　　1 台
4. 器件

NE555		1 片
74LS00	四 2 输入与非门	1 片
74LS20	二 4 输入与非门	1 片
74LS175	D 触发器	1 片
电阻	1 kΩ	4 个
电容、开关、发光二极管		4 个

三、设计要求

1. $S_1 \sim S_4$ 号代表 4 个选手,需要有 4 个控制电路。
2. 有主持人总控开关电路。
3. 有人抢答,有报警提醒功能。

四、实训原理

1. 工作过程

抢答之前,主持人将开关置于清"0"位置,抢答器处于禁止工作状态,显示灯(LED)熄灭。当主持人宣布抢答开始时,同时将开关拨到"开始"位置,当按下任意一个按键时,对应的 LED 灯被点亮,以后再去按其他按键,指示灯的状态不改变。直到按下"清零"按键。抢答器组成框图如图 4.3.1 所示。

(1) 数据输入电路:由按键(抢答按键、主持人控制开关)、电阻等元件组成,输入优先抢答者数据。

(2) 数据输出显示电路:由发光二极管(LED)、扬声器和电阻等元件组成,优先抢答者指示灯亮。

(3) 主控单元电路:由 2 输入与非门
74LS00、4 输入与非门 74LS20、集成 4D 触发器 74LS175 等元件组成,具有分辨和锁存优先抢答者功能。

图 4.3.1　抢答器组成框图

(4) 时钟单元电路:由 555 定时器、电阻、电容等元件组成,为抢答器提供时钟信号。

2. 工作原理

抢答器电路原理图如图 4.3.2 所示,该电路由 74LS175 锁存器、74LS20、74LS00、开关键、发光二极管和扬声器等组成,CP 时钟电路可以由 555 定时电路产生,也可以由专门设备产生,频率 1 kHz 左右即可。

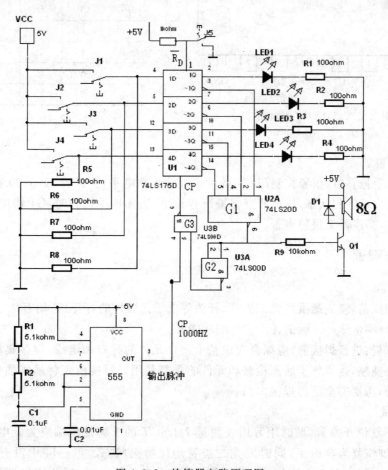

图 4.3.2　抢答器电路原理图

（1）锁存脉冲形成电路

作用为当选手按下按键的瞬间形成脉冲信号，送到锁存器作为锁存输入数码所需的时钟脉冲。

因为本设计中使用的锁存器为74LS175，其中，4D、3D、2D、1D 为输入端；4Q、3Q、2Q、1Q 为同相输出端和另外 4 个为反相输出端；$\overline{R}_D$ 为异步清零端，低电平有效；所需的时钟脉冲为上升沿触发脉冲。因而在静态无人抢答时，锁存脉冲输出应为低电平 0，而一旦有选手按下按键，锁存脉冲输出应变为高电平 1。由上述分析可知，锁存脉冲形成电路满足与非门逻辑关系（全 1 为 0，有 0 为 1），选用 4 输入与非门集成电路（74LS20）。

（2）锁存器

利用集成正边沿 D 触发器 74LS175 完成数据锁存功能。74LS175 由具有共用时钟脉冲和清零端的 4 个正边沿 D 触发器构成，在 CP 由低电平向高电平变化瞬间，锁存器将输入数据 4D～1D 锁存，由 4Q～1Q 输出，过后又维持不变，从而实现数据的锁存。因此，要实现数据的锁存，关键是有无 CP 时钟信号的控制。图 4.3.3 所示为 74LS175 的引脚图，表 4.3.1 为其功能表。

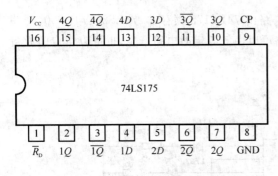

图 4.3.3　74LS175 引脚图

表 4.3.1　74LS175 功能表

输　入			输　出
$\overline{R}_D$	CP	D	Q^{n+1}
0	×	×	0
1	↑	1	1
1	↑	0	0
1	0	×	Q^n

（3）报警器

当有选手抢答时，报警控制门 G1 的输出端输出高电平，三极管 3DG100 在高电平信号的驱动下工作于饱和状态，扬声器有报警声音输出；当无选手抢答时，G1 输出总为低电平，三极管截止，扬声器无报警声音。

五、安装与调试

1. 安装

安装调试前，应先测量发光二极管、开关等电子元器件的好坏（选用万用表的 $R \times 10$ 或 $R \times 1$ 挡进行测量即可），测试各个芯片的功能。

元件布局：进行焊接前，应综合考虑整个项目元件的排布和走线，焊接集成电路最好使用集成电路插座，这样便于后面检修和元件的重复利用。焊接前先将插座插在万用板上模拟元件布局，考虑完全后再焊接电路。

2. 调试

先按下复位开关 J5，此时用万用表测量 74LS175 的 1 脚复位端应为低电平，松开复位开关 J5，1 脚恢复为高电平，同时发光二极管均保持灭状态。J1～J4 中没有按钮按下时，75LS175 输入端应全部为低电平，同相输出端应全部为低电平，反相输出端应该均为高电平。当 J1～J4 中某一按键按下时,74LS175 对应的输出端为高电平,同时 G1 输出应变为高电平,G2 输出应变为低电平,将脉冲封锁。

3. 报警部分调试

在脉冲 CP 工作正常后,按一次主持人复位键 S,用万用表检查报警控制门 G1 的输出端是否为低电平,三极管 3DG100 处于截止状态,基极为低电平,集电极为高电平,然后按动 S1～S4 中的任意一个,此时用万用表检查报警控制门 G1 的输出端是否为高电平,三极管应处于开关状态,扬声器中应发出报警声音。

六、实训报告

1. 根据实训原理绘制实物图。
2. 总结抢答器电路调试过程的故障排查。
3. 总结本次实训的体会。

实训四　数字电子钟的设计与制作

一、实训目的

1. 掌握数字电子钟的设计方法。
2. 熟悉集成电路的使用方法。
3. 熟悉各种进制计数器的功能及使用。
4. 掌握译码显示电路的应用。

二、实训仪器设备

1. 双踪示波器
2. 万用表
3. 数字钟元器件

三、实训设计要求

1. 用中小规模集成电路组成数字电子钟。
2. 具有时、分、秒显示,采用 24 h 制。
3. 具有时间校准功能。
4. 组装调试电路。
5. 发挥部分:整点报时功能(模仿电台报时,前四响为低音,后一响为高音)。

四、工作原理

数字电子钟的逻辑框图如图 4.4.1 所示。它由石英晶体振荡器、分频器、计数器、译码器、显示器和校准电路组成。石英晶体振荡器产生的信号经过分频器作为脉秒冲,脉秒冲送入计数器计数,计数结果通过"时"、"分"、"秒"译码器译码,经数码管显示时间。图 4.4.2 所示是数字电子钟逻辑电路图。

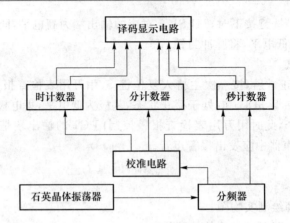

图 4.4.1　　数字电子钟逻辑框图

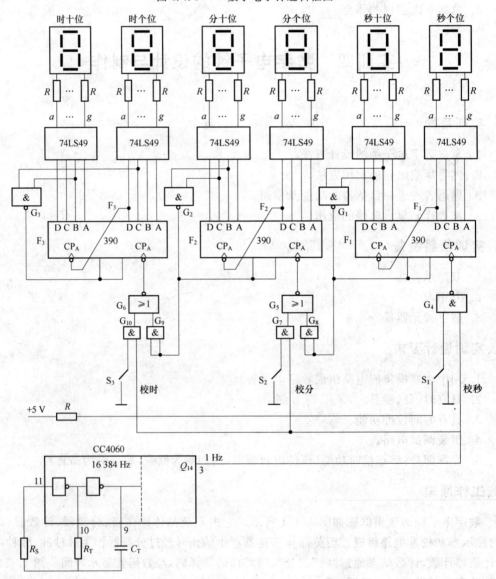

图 4.4.2　数字电子钟逻辑电路图

1. 秒信号产生电路

石英晶体振荡器的特点是振荡频率准确、电路结构简单、频率易调整。采用 32768 晶振，用 CC4060 十四级二分频器进行十四级分频，从其 Q_{14} 端输出可获得 2 Hz 的信号，再用 74LS293 进行一级二分频，即可获得每秒 1 Hz 的秒信号输出。

在要求不高时，亦可用 CC4060 和两个电阻 R_S、R_T，一个电容 C_T 去组成 RC 方波振荡器和十四级二分频电路。若适当选择 R_T、C_T 的参数，使振荡器产生的信号频率为 16 384 Hz，则从 CC4060 的 Q_{14} 端可直接得到每秒 1 Hz 的秒信号输出，如图 4.4.3 所示。

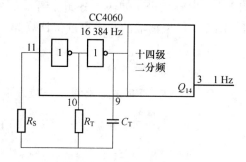

图 4.4.3　秒信号产生电路

2. 秒、分、时计数电路

秒、分、时计数电路，各采用一块 74LS390 双十进制计数器，并各自分别接成六十进制、六十进制和二十四进制电路。如秒计数电路的 F_1，其右边的 $1/2F_1$ 是十进制计数器，作秒个位计数；左边的 $1/2F_1$ 是六进制计数器，作秒十位计数。用与门 G_1 反馈归零将它们级联起来，就构成六十进制的秒计数电路。分计数电路 F_2 的接法与 F_1 相同。时计数电路 F_3，其个位计数和十位计数采用反馈归零法，用与非门 G_3 将它们级联起来，构成二十四进制计数，即当右边的（个位）$1/2F_3$ 为 0100 和左边的（即十位）$1/2F_3$ 为 0010 时，F_3 被反馈复 0，完成二十四进制计数功能。

3. 译码显示电路

译码显示电路采用 74LS49 译码器去驱动共阴数码管 LC5011-11。选用不同的译码器的上拉电阻，可以调整数码管的发光亮度。

4. 时间校准电路

（1）秒校准电路

用与门 G_4 和开关 S_1 实现等待秒校准。正常工作时，S_1 接 +5 V 电源，此时 G_4 的输出就只决定于秒信号；当要校准秒显示时，将 S_1 接地，使 G_4 关闭，秒信号不能通过 G_4，等待着当标准时间秒与秒的显示一致时，立即将 S_1 投向 +5 V 电源，秒显示又随秒信号而变化，完成秒显示的校准任务。

（2）分校准电路

分校准电路用 $G_5 \sim G_7$ 和开关 S_2 构成分加速校时电路。平时，S_2 接地，使 G_7 关闭，G_5 输出就只由 G_8 来的秒进位信号决定。当需要校准分显示时，将 S_2 投向 +5 V 电源，G_7 打开，此时秒信号直接通过 G_7 加于 G_5 的输入端，再经过 G_5 加于分个位计数电路的输入端，使分显示直接随秒信号而快速变化。当分显示与标准时间一致时，立即将 S_2 投向地端，关闭 G_7 的输入，分计数电路又只能随从秒计数电路来的进位信号而变化，完成分显示的校准任务。

（3）时校准电路

时校准电路与分校准电路结构完全相同。分校准和时校准电路共用一块 74LS51 即可完成。而 $G_1 \sim G_4$ 用一块 74LS08 二输入四与门，这样安排，充分利用了数字集成器件品种多的优势，使整机电路使用的器件尽量少。

5. 主要元器件选择

CC4060 是十四位同步二进制计数器和振荡器，通过外接定时元件与内部振荡电路组成多谐振荡器为芯片提供时基。电路内设十四级二分频。图 4.4.3 是用外接阻容定时元件形成秒信号的电路原理图。图中 RC 振荡器的频率可近似计算为

$$f = \frac{1}{2.2R_{\mathrm{T}}C_{\mathrm{T}}}$$

 注意：应使 $C_{\mathrm{T}} \geqslant 100\ \mathrm{pF}$，$R_{\mathrm{T}} > 1\ \mathrm{k\Omega}$，否则不易起振。一般应取 $R_{\mathrm{S}} \gg R_{\mathrm{T}}$。

本电路的振荡器频率为 16 384 Hz，经 14 分频，则从 CC4060 的 Q_{14} 端可直接得到每秒 1 Hz的秒信号输出。

五、组装与调试

在插件板上组装电子钟，要注意器件管脚的连接一定要准确，"悬空端""清 0 端""置 1 端"要正确处理，调试步骤和方法如下。

（1）用示波器检测振荡器的输出信号波形和频率。

（2）用示波器检查各级分频器的输出频率是否符合设计要求。

（3）将 1 秒信号分别送入"时""分""秒"计数器，检查各级计数器的工作情况。

（4）观察校时电路的功能是否满足校时要求。

（5）当分频器和计数器调试正常后，观察电子钟是否准确、正常地工作。

六、实训报告

1. 按实训内容要求整理实验数据与相关波形。
2. 画出实训内容中的电路图、接线图。
3. 总结装配数字电子钟的体会。

实训五　拔河游戏机

一、实训目的

1. 学习数字电路中基本 RS 触发器、计数、译码显示等单元电路的综合应用。
2. 熟悉拔河游戏机的工作原理。

二、实训设备及器件

1. 数字电路实验箱　　　　　　　　1 台

2. 数字万用表   1 块

3. 双踪示波器   1 台

4. **器件**

CC4514	4 线-16 线译码器	1 片
CC4518	双同步十进制计数器	1 片
74LS193	同步二进制可逆计数器	1 片
74LS00	四 2 输入与非门	3 片
74LS08	四 2 输入与门	1 片
74LS86	四 2 输入异或门	1 片
电阻	1 kΩ	4 个

三、实训预习

1. 复习数字电路中 RS 触发器、4 线-16 线译码器、计数器、译码显示器等部分内容。

2. 分析拔河游戏机组成、各部分功能及工作原理。查出各芯片引脚排列及功能。

四、实训原理

拔河游戏机用 9 个(或 15 个)电平指示灯排列成一行,开机后只有中间一个点亮,以此作为拔河的中心线,游戏双方各持一个按键,迅速、不断地按动产生脉冲,谁按得快,亮点向谁方向移动,每按一次,亮点移动一次。移到任一方终端指示灯点亮,这一方就得胜,此时双方按键均无作用,输出保持,只有经复位后才使亮点恢复到中心线。最后,显示器显示胜者的盘数。

图 4.5.1、图 4.5.2 为拔河游戏机的电路框图和电路原理图。

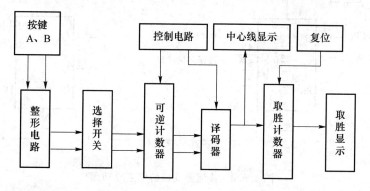

图 4.5.1 拔河游戏机的电路框图

可逆计数器 74LS193 原始状态输出 4 位二进制数 0000,经译码器输出使中间的一只电平指示灯点亮。当按动 A、B 两个按键时,分别产生两个脉冲信号,经整形后分别加到可逆计数器上,可逆计数器输出的代码经译码器译码后驱动电平指示灯点亮并产生位移,当亮点移到任何一方终端后,由于控制电路的作用,使这一状态被锁定,而对输入脉冲不起作用。如按动复位键,亮点又回到中点位置,比赛又可重新开始。

将双方终端指示灯的正端分别经两个与非门后接到 2 个十进制计数器 CC4518 的使能端 EN,当任一方取胜,该方终端指示灯点亮,产生 1 个下降沿使其对应的计数器计数。这样，计数器的输出即显示了胜者取胜的盘数。

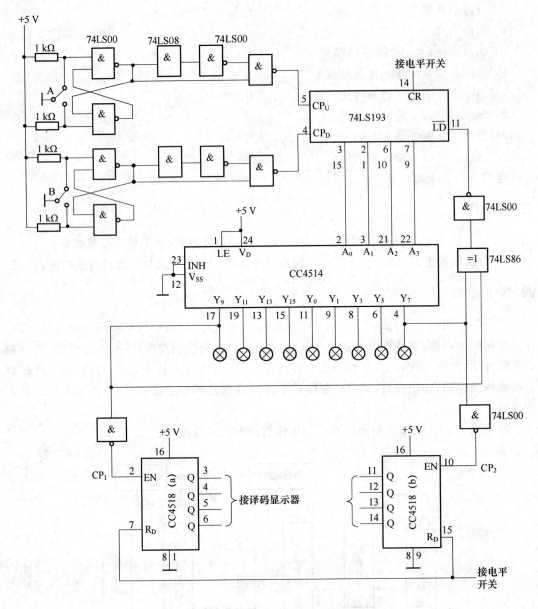

图 4.5.2 拔河游戏机的电路原理图

1. 编码电路

由双时钟二进制同步可逆计数器 74LS193 构成，它有 2 个输入端、4 个输出端，能进行加/减计数。

2. 整形电路

由与门 74LS08 和与非门 74LS00 构成。因 74LS193 是可逆计数器，控制加减的 CP 脉冲分别加至 5 脚和 4 脚，此时当电路要求进行加法计数时，减法输入端 CP_D 必须接高电平；进行减法计数时，加法输入端 CP_U 也必须接高电平，若直接由 A、B 键产生的脉冲加到 5 脚或 4 脚，就有很多时机在进行计数输入时另一计数输入端为低电平，使计数器不能计数，双方按键均失去作用,拔河比赛不能正常进行。加一整形电路,使 A、B 二键出来的脉冲经整形后变为一个占空比很大的脉冲,这就减少了进行某一计数时另一计数输入为低电平的可能性,从而使每按一次键都有可能进行有效的计数。

3. 译码电路

由 4 线-16 线译码器 CC4514 构成。译码器的输出 $Y_0 \sim Y_{15}$ 中选 9 个(或 15 个)接电平指示灯,电平指示灯的负端接地,而正端接译码器。这样,当输出为高电平时电平指示灯点亮。

比赛准备,译码器输入为 0000,Y_0 输出为 1,中心处指示灯首先点亮,当编码器进行加法计数时,亮点向右移,进行减法计数时,亮点向左移。

4. 控制电路

由异或门 74LS86 和与非门 74LS00 构成,其作用是指示出谁胜谁负。当亮点移到任何一方的终端时,判该方为胜,此时双方的按键均宣告无效。将双方终端指示灯的正接至异或门的 2 个输入端,当获胜一方为"1",而另一方则为"0",异或门输出为"1",经与非门产生低电平"0",再送到 74LS193 计数器的置数端,于是计数器停止计数,处于预置状态。由于计数器数据端 D_0、D_1、D_2、D_3 和输出 Q_0、Q_1、Q_2、Q_3 对应相连,输入也就是输出,从而使计数器对脉冲不起作用。

5. 胜负显示

由计数器 CC4518 和译码显示器构成。将双方终端指示灯正极经与非门输出后分别接到 2 个 CC4518 计数器的 EN 端,CC4518 的两组 4 位 BCD 码分别接到实验箱中的两组译码显示器的 8、4、2、1 插孔上。当一方取胜时,该方终端指示灯发亮,产生一个上升沿,使相应的计数器进行加一计数,于是就得到了双方取胜次数的显示,若 1 位数不够,则进行 2 位数的级联。

6. 复位

74LS193 的清零端 CR 接一个电平开关,作为一个开关控制进行多次比赛而需要的复位操作,使亮点返回中心点。

CC4518 的清零端 R_D 也接一个电平开关,作为胜负显示器的复位来控制胜负计数器使其重新计数。

CC4518 功能表如表 4.5.1 所示,引脚排列见附录。

表 4.5.1　CC4518 功能表

输 入			输出功能
时钟 CP	清零 R_D	使能 EN	
×	1	×	全部为 0
↑	0	1	加计数
0	0	↓	
↓	0	×	保持
×	0	↑	
↑	0	×	
1	0	↓	

119

五、安装与调试

由于实训电路中使用器件较多,实训前必须合理安排各器件在数字电路实验箱上的位置,使电路逻辑清楚,接线较短。

实训时,应按照实训任务的次序,将各单元电路逐个进行接线和调试,待各单元电路工作正常后,再将有关电路逐级连接起来进行测试,直到测试拔河游戏机整个电路的功能。

这样的模块化测试方法有利于检查和排除故障,是调试电路的常用方法,可保证实训顺利进行。

1. 测试芯片 74LS193、CC4514、CC4518 的功能。

2. 按整机逻辑图接线,逐个调试整形电路、编码电路、译码电路、控制电路、胜负显示和复位的功能,最后测试拔河游戏机整个电路的功能。

六、实训报告

1. 总结拔河游戏机整个调试过程。

2. 分析调试中发现的问题及故障排除方法;讨论结果,总结收获。

附　　录

一、74LS 系列 TTL 电路外引线排列

1. 74LS00

四 2 输入正与非门

$Y = \overline{AB}$

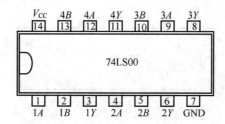

2. 74LS04

六反相器

$Y = \overline{A}$

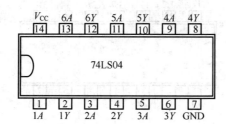

3. 74LS08

四 2 输入与门

$Y = AB$

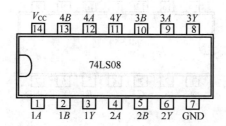

4. 74LS10

三 3 输入正与非门

$Y = \overline{ABC}$

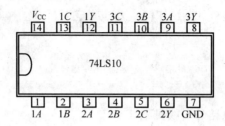

5. 74LS20

双 4 输入正与非门

$Y = \overline{ABCD}$

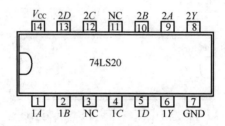

6. 74LS27

三 3 输入正或非门

$Y = \overline{A+B+C}$

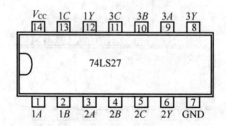

7. 74LS54

四路(2-3-3-2)输入与或非门

$Y = \overline{AB+CDE+FGH+IJ}$

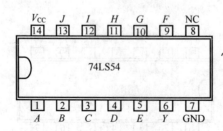

8. 74LS86

四 2 输入异或门

$Y = A \oplus B$

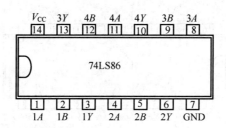

9. 74LS74

双正沿触发 D 触发器

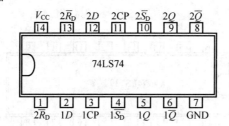

10. 74LS175

四正沿触发 D 触发器

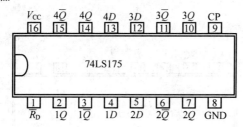

11. 74LS90

二-五-十进制异步加计数器

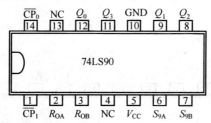

12. 74LS112

双负沿触发 JK 触发器

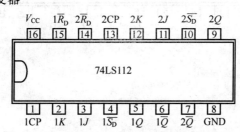

13. 74LS138

3 线-8 线译码器

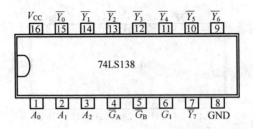

14. 74LS139

双 2 线-4 线译码器

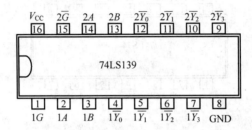

15. 74LS147

10 线-4 线优先编码器

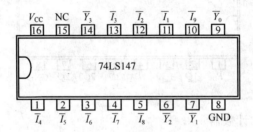

16. 74LS154

4 线-16 线译码器

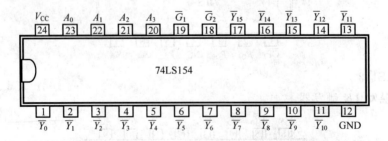

17. 74LS151

8 选 1 数据选择器

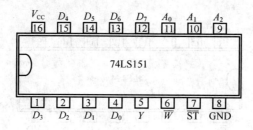

18. 74LS153

双 4 选 1 数据选择器

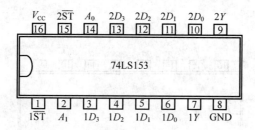

19. 74LS160

同步十进制计数器

74LS161/163

同步四位二进制计数器

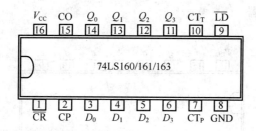

20. 74LS192

同步可逆双时钟 BCD 计数器

74LS193

四位二进制同步可逆计数器

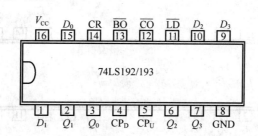

21．74LS194

4 位双向通用移位寄存器

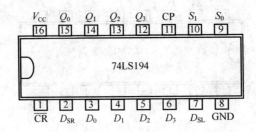

22．74LS248

BCD 七段显示译码器

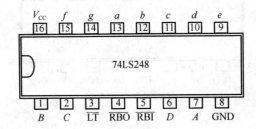

二、CMOS 及其他集成电路外引线排列。

1．CD4511

BCD 七段显示译码器

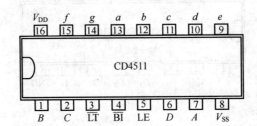

2．CC4514

4 线-16 线译码器

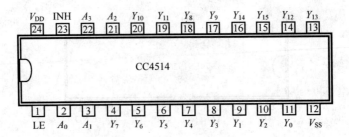

3. CC4518

双同步十进制计数器

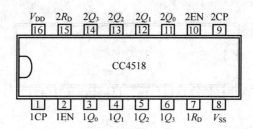

4. CC14433

$3\frac{1}{2}$ 位双积分 A/D 转换器

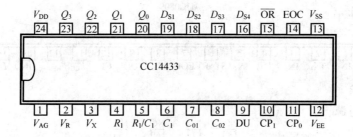

5. TS547

共阴 LED 数码管

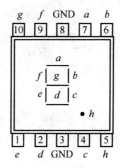

6. NE555 定时器

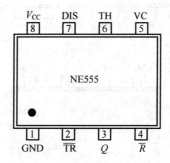

7. DAC0808

D/A 转换器

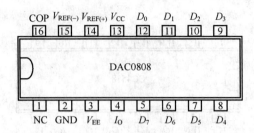

8. ADC0809

A/D 转换器

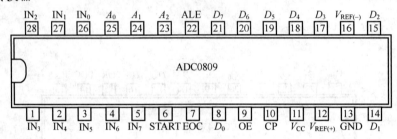

9. MC1403

精密稳压电源

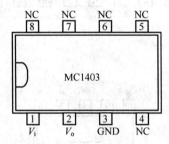

10. MC1413

七路达林顿晶体管列阵

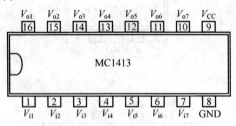

11. μA741

运算放大器

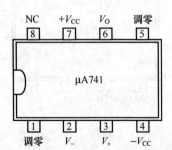

参 考 文 献

[1]　王卫平. 数字电子技术实践 . 大连：大连理工大学出版社,2009.

[2]　张桂芬. 电路与电子技术实验. 北京：人民邮电出版社,2009.

[3]　朱彩莲. Multisim 电子电路仿真教程. 西安：西安电子科技大学出版社,2007.

[4]　周红军. 数字电子技术实验指导书. 北京：中国水利水电出版社. 2008.

[5]　王慧玲. 电路实验与综合实训. 北京：电子工业出版社,2010.

[6]　阎石. 数字电子技术基础(第五版). 北京：高等教育出版社,2006.